碳达峰 碳中和

目标、挑战与实现路径

吴 冰　主编

李 萍　孔建广　赵 亮　吕雁华　副主编

人民东方出版传媒
People's Oriental Publishing & Media

东方出版社
The Oriental Press

图书在版编目（CIP）数据

碳达峰碳中和：目标、挑战与实现路径 / 吴冰主编 . —北京：东方出版社，2022.4

ISBN 978-7-5207-2571-2

Ⅰ . ①碳⋯　Ⅱ . ①吴⋯　Ⅲ . ①二氧化碳—排气—研究—中国　Ⅳ . ① X511

中国版本图书馆 CIP 数据核字（2022）第 052814 号

碳达峰碳中和：目标、挑战与实现路径

（TANDAFENG TANZHONGHE： MUBIAO TIAOZHAN YU SHIXIAN LUJING）

主　　编：吴　冰

责任编辑：杨润杰　温帮权

责任校对：赵鹏丽

出　　版：东方出版社

发　　行：人民东方出版传媒有限公司

地　　址：北京市西城区北三环中路 6 号

邮　　编：100120

印　　刷：三河市龙大印装有限公司

版　　次：2022 年 4 月第 1 版

印　　次：2022 年 4 月北京第 1 次印刷

开　　本：710 毫米 ×1000 毫米　1/16

印　　张：20

字　　数：230 千字

书　　号：ISBN 978-7-5207-2571-2

定　　价：68.00 元

发行电话：（010）85924663　85924644　85924641

目 录
C O N T E N T S

2030 TAN DA FENG · 2060 TAN ZHONG HE

碳达峰、碳中和目标的提出及其重要意义

2020 年 9 月 22 日，习近平主席在第七十五届联合国大会一般性辩论上的讲话中指出："中国将提高国家自主贡献力度，采取更加有力的政策和措施，二氧化碳排放力争于 2030 年前达到峰值，努力争取 2060 年前实现碳中和。"碳达峰、碳中和目标（以下简称"双碳"目标）的提出，是我国统筹国际和国内两个大局作出的重大战略部署，不仅彰显了中国参与全球治理和构建人类命运共同体的责任担当，而且为推动我国实现经济社会可持续发展，促进生态文明进入新时代，实现中华民族伟大复兴的中国梦奠定了坚实基础。

何谓碳达峰？
何谓碳中和？

实现碳达峰、碳中和，是以习近平同志为核心的党中央统筹国内国际两个大局作出的重大战略决策，是着力解决资源环境约束突出问题、实现中华民族永续发展的必然选择，是构建人类命运共同体的庄严承诺。[①] 碳达峰是指全球、国家、城市、企业等组织主体的碳排放量在由升转降的过程中，在某一时期达到的历史最高点即碳峰值，同时在这一峰值出现以后，碳排放量呈稳定下降的趋势。关于碳排放量是否已经达到峰值的判断在当年是难以得出结论的，通常情况是至少需要五年的时间。在这五年里，如果没有出现相比峰值年碳排放量的增长，就能确认为达到峰值年。碳中和是指人为排放的二氧化碳与通过植树造林、节能减排、碳捕集与碳封存等方式吸收的二氧化碳相互抵消，实现二氧化碳净排放为零。国际能源署数据显示，2018 年全球排放的二氧化碳数量大约为 330 亿吨，但全球森林系统每年能够吸收的二氧化碳数量为 15 亿—20 亿吨。也就是说，就当前的情况而言，仅凭森林系统吸收二氧化碳，是无法抵消人为排放的二氧化碳的，也

[①] 参见《中共中央国务院关于完整准确全面贯彻新发展理念做好碳达峰碳中和工作的意见》，《人民日报》2021 年 10 月 25 日。

是无法实现碳中和的。要真正实现碳中和，关键还是要采取多种措施减少二氧化碳的排放量。

以二氧化碳的排放量来衡量碳达峰和碳中和的主要原因是人类社会进入工业社会后，工业的迅速发展、人类生活的相对无序发展以及农林和土地的大规模使用使向大气中排放的温室气体越来越多，从而引发了一系列气候问题，其中最为典型的就是气候变暖。人们日渐关注气候变暖的问题，并付诸实际行动，控制温室气体排放。《联合国气候变化框架公约》明确规定需要控制二氧化碳（CO_2）、甲烷（CH_4）、一氧化二氮（N_2O）、氢氟碳化物（HFC_S）、全氟化碳（PFC_S）和六氟化硫（SF_6）这六种气体。其中，二氧化碳是在六种温室气体中占比最大的气体，约为60%。据统计，在交通行业的温室气体排放中，二氧化碳占比高达99%。所以，碳排放广义上是指所有温室气体的排放，狭义上就是指二氧化碳的排放。因此，控制碳排放也可以理解为控制二氧化碳的排放量。

控制温室气体排放，应对全球气候变化一直是我国经济社会发展的重大战略。从"八五"计划到"十一五"规划，每一个国民经济和社会发展五年计（规）划都明确提出要控制温室气体排放的目标要求。在"十一五"规划中我国第一次明确提出了"节能减排"的概念，并提出将单位国内生产总值能源消耗目标定为比"十五"期末降低20%左右、森林覆盖率达到20%等约束性指标。2007年6月，国务院发布《中国应对气候变化国家方案》，这是我国第一部应对气候变化的政策性文件，也是发展中国家颁布的第一部应对气候变化的方案。方案明确了到2010年我国在应对气候变化方面的具体目标、基本原则以及重点领域等。2008年10月，国务院新闻办公室发布《中国应对气候变化的政策与行动》白皮书，全面介绍气候变化对中国的影响以及中国应对变化采取的具体举措。2010 年 7 月，国家发展改革委发布《关于开展低碳省区和低碳城市试点工作的通知》，明确指出要组织开展低碳省区和低碳城市的试点工作，并确定我国第一批国家低碳试点。经过努力，"十一五"期间我国基本完成了规划纲要中明确的目标任务，其中全国单位国内生产总值（GDP）能耗下降 19.1%，超额完成 20% 左右，森林覆盖率从 18.21% 上升到 20.36%。

"十二五"规划比"十一五"规划更加具体，明确规定了二氧化碳的强度目标，设定了提高低碳能源使用和降低化石能源消耗的目标，即非化石能源占一次能源消费比重达到 11.4%，单位国内生产总值能源消耗降低 16% 左右，森林覆盖率提高到 21.66%。2011 年 12 月，国务院印发《"十二五"控制温室气体排放工作方案》，明确提出要优化产业结构和能源结构，加快建立以低碳为特征的产业体系和消费模式。2013 年 9 月，国家对具体领域进行整治，国务院印发《大气污染防治行动计划》，指出预计到 2017 年，全国地级及以上城市可吸入颗粒物（PM_{10}）浓度要比 2012 年下降 10% 以上，并对具体指标进行了细致划分。同年，原环境保护部、国家发展改革委等六部门联合印发《京津冀及周边地区落实大气污染防治行动计划实施细则》，规定经过五年努力，京津冀及周边地区空气质量明显好转，重污染天气较大幅度减少；力争再用五年或更长时间，逐步消除重污染天气，使空气质量得到全面改善。2014 年 3 月，国家发展改革委、原环境保护部、国家能源局联合印发《能源行业加强大气污染防治工作方案》，提出要加快重点污染源治理，加强能源消费总量控制，着力保障清洁能源供应，推动转变能源发展方式，显著降低能源生产和使用对大气环境的负面影响，促进能源行业与生态环境的协调可持续发展。2015年5月，国家发展改革委、原环境保护部、国家能源局联合印发《加强大气污染治理重点城市煤炭消费总量控制工作方案》，明确强调要细化煤炭消费总量控制工作，进一步改善重点城市空气质量。经过五年努力，"十二五"期间，我国实际碳强度累计下降20%左右，2015年非化石能源消费占一次能源消费比重达到12%，森林覆盖率达到21.66%，均超额完成"十二五"规划目标。

"十三五"规划在"十二五"规划的基础上，明确了能耗总量和能源强度双控目标。2016年4月，工业和信息化部公布《工业节能管理办法》，从管理办法入手推动绿色低碳循环发展。2019年2月，国家发展改革委等七部门联合印发《绿色产业指导目录（2019年版）》，首次清晰界定了绿色产业的具体内容，为绿色产业的发展和绿色金融标准建设工作奠定了良好的基础。"十三五"时期单位国内生产总值二氧化碳排放降低约22%，超过"十三五"规划制定的18%的目标。到"十三五"期末，森林覆盖率提高到23.04%，森林蓄积量超过175亿立方米，连续30年保持"双增长"，我国成为世界上森林资源增长最多的国家。

在"十三五"规划后期，由于提升了应对全球气候变化的战略高度，我国应对全球气候变化进入一个新的发展时期。2020年9月，习近平主席在第七十五届联合国大会一般性辩论上指出，中国将提高国家自主贡献力度，采取更加有力的政策和措施，二氧化碳排放力争于2030年前达到峰值，努力争取2060年前实现碳中和。以我国首次向世界提出"碳达峰、碳中和"目标为标志，碳达峰、碳中和的概念进入中国公众视野。

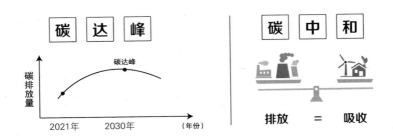

　　实现"双碳"目标是一个循序渐进的过程。2020 年 10 月 21 日，生态环境部等五部委联合发布《关于促进应对气候变化投融资的指导意见》，提出大力推进应对气候变化投融资的发展。2020 年 12 月 18 日，中央经济工作会议将做好碳达峰、碳中和工作作为 2021 年八大重点任务之一进行了部署。2020 年 12 月 21 日，国务院新闻办公室发布《新时代的中国能源发展》白皮书，把清洁低碳作为能源发展的主导方向，提出加快能源绿色低碳转型，建设美丽中国。2021 年 1 月，生态环境部印发《关于统筹和加强应对气候变化与生态环境保护相关工作的指导意见》，明确提出在统一政策规划标准制定、监测评估、监督执法以及督察问责等方面取得关键进展，气候治理能力明显提升。2021 年 3 月 15 日，中央财经委员会第九次会议把碳达峰、碳中和纳入生态文明建设整体布局，指出拿出抓铁有痕的劲头，如期实现 2030 年前碳达峰、2060 年前碳中和的目标；实现碳达峰、碳中和是一场硬仗，也是对我们党治国理政能力的一场大考。

　　"十四五"时期是碳达峰的关键期、窗口期。2021 年 3 月公布的《中华人民共和国国民经济和社会发展第十四个五年规划和 2035 年远景目标纲要》提出，要支持有条件的地方和重点行业、重点企业率先达到碳排放峰值。2021 年 5 月 26 日，碳达峰碳中和工作领导小组第一次全体会议在北京召开，这意味着我国"双碳"战略迈出了重要一步。在国家政策的引导下，地方各级政府积极制定碳减排目标与行动计划。各省（自治区、直辖市）在公布的"十四五"规划和2035年远景目标纲要中都提出了"十四五"期间的发展目标，规划了2030年前碳排放碳达峰的行动方案。截至2021年初，我国有80多个低碳试点城市研究提出达峰目标，其中提出在2025年前达峰的有42个，上海、福建、海南等地提出在全国达峰之前率先达峰，江苏、山东、安徽等17个省份提出2021年将研究、制定实施二氧化碳排放达峰行动方案。从国家号召到地方落实，从总体目标到具体领域，这意味着我国在行动上向碳中和目标迈出了重要一步。2021年9月22日，《中共中央国务院关于完整准确全面贯彻新发展理念做好碳达峰碳中和工作的意见》（以下简称《意见》）正式印发。《意见》作为中央层面的系统谋划、总体部署，提出了构建绿色低碳循环发展经济体系、提升能源利用效率、提高非化石能源消费比重、降低二氧化碳排放水平、提升生态系统碳汇能力等五个方面的主要目标。2021年10月24日，为深入贯彻落实党中央、国务院关于碳达峰、碳中和的重大战略决策，扎实推进碳达峰行动，国务院印发《2030年前碳达峰行动方案》（以下简称《行动方案》）。《行动方案》明确了顺利实现2030年前碳达峰的主要目标。总的来说，碳达峰是近期要达到的具体目标，碳中和是中长期的远景目标，二者相辅相成。在规定时间点前尽早、尽快地实现碳达峰，可以为碳中和目标的完成留下更大的灵活空间。

▼

"双碳"目标的提出背景

实现"双碳"目标是以习近平同志为核心的党中央经过深思熟虑作出的重大战略决策，既有基于世界气候变化，整合全球之力共同应对全球气候危机的现实基础，也有立足于中国生态环境实际，促进生态文明建设新发展，建设美丽中国的深度思考。

从全球范围看，科学界主流一致认为二氧化碳排放是引起气候变化的主要原因。特别是工业革命以来，发达国家因为工业化排放的大量二氧化碳使全球变暖日益加剧。美国橡树岭实验室研究报告显示，自1750年以来，全球累计排放了1万多亿吨二氧化碳，其中发达国家排放约占80%。[①]2019年全球大气中二氧化碳、甲烷和一氧化二氮的平均浓度较工业化前（1750年之前）的水平分别增加47%、159%和23%，达到过去80万年来的最高水平。2020年全球气候系统变暖的趋势进一步加剧，比工业化前全球平均温度已经高出1.2℃。全球变暖导致海冰融化、海平面上升，1979—2019年北极海冰范围呈显著减少趋势，其中9月海冰范围平均每十年减少12.9%，1993—2019

---

① 参见《应对全球气候变暖的中国行动：面对挑战　控制排放》，《光明日报》2009年8月25日。

年全球平均海平面上升率为 3.3 毫米／年。[①] 随着海平面的上升，沿海地区的洪涝灾害和风暴灾害更为严重，特别是一些岛屿国家和沿海低洼地面临着被淹没的威胁。面对气候变化及气候变化带来的各种自然灾害，如果人类再不采取行动控制二氧化碳的排放，地球变暖的现象将会长期持续下去，伴随而来的灾难将更为严重。科学家对未来气候预估的结果表明，到 21 世纪末，全球的平均温度相比工业化前将上升约 4℃，极地的升温可能会远高于这个幅度。到 2100 年 4℃ 的增温将导致海平面上升 0.5—1 米，并会在接下来的几个世纪内带来几米的上升。届时每年 9 月北极可能会出现没有海冰的情况，可能导致很多地方更大的经济损失，极大地损害各国人民的生命和财产安全。

气候变化还很容易引发传染性疾病。2020 年极端天气加上全球范围内的新冠肺炎疫情的大流行，截至 2022 年 2 月，累计死亡病例达 590 多万人，给世界带来了严重的灾难。由于全球经济增长持续收缩，国际货币基金组织一再下调世界经济增长的预期。2021 年 4 月 19 日，联合国秘书长安东尼奥·古特雷斯指出："我们没有时间可以浪费了，气候正在变化，其影响已让人类和地球付出了太大的代价。各国需要立即采取行动，保护人类免受气候变化的灾难性影响。"[②]

---

① 参见《中国气候变化蓝皮书：极端天气气候事件风险进一步加剧》，中国新闻网 2021 年 8 月 4 日。

②《2020 年全球气候状况报告发布　气候变化指标和影响恶化》，中国气象局网 2021 年 4 月 22 日。

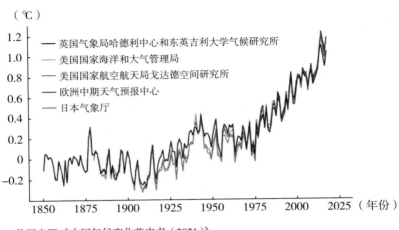

数据来源：《中国气候变化蓝皮书（2021）》

气候变化还给世界动植物物种带来了毁灭性的灾难。世界自然基金会发布的《地球生命力报告2020》显示，从1970年到2016年，哺乳类、鸟类、两栖类、爬行类和鱼类种群规模平均下降了68%。在全球范围内，拥有全球最大热带森林的拉丁美洲生物多样性丧失得最为明显，40多年间物种丰富度下降94%。

我国气候随着全球气候的变化而变化，气候变化破坏了我国的自然生态系统，阻碍了社会发展。作为全球气候变化的敏感区和影响显著区，我国极端天气气候事件发生的频率越来越高，极端高温事件、洪水、城市内涝、台风、干旱等均有增加，造成大量的经济损失。2015年科技部发布的《第三次气候变化国家评估报告》显示，21世纪以来，由于气候变化导致的直接损失平均每年占我国国内生产总值的1.07%，是同期全球平均水平（0.14%）的7倍多。2021年7月，河南中北部遭遇了特大暴雨，其中，郑州、新乡、开封等地部分地区出现特大暴雨（250—350 毫米），郑州城区局地降雨达到 500—657 毫米；郑州、新乡、开封等地日降雨量突破有气象记录以来的历史极值。截至 2021 年 8 月 2 日 12 时，此次特大洪涝灾害导致 302 人遇难，50 人失踪，造成河南省 37 个县、2759 个村、39.09 万人受灾；损毁全省扶贫项目 5215 个，涉及资金规模约 11.30 亿元；损坏扶贫车间 139 间，光伏电站 246 座，损毁农村扶贫道路 1393.93 千米。此次洪涝灾害给人民群众的生产生活造成了严重的后果。

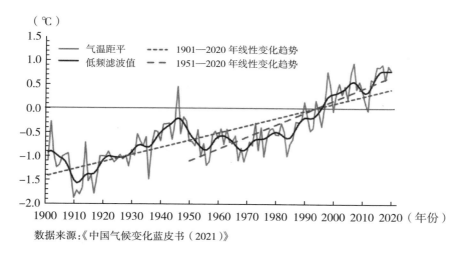

1901—2020 年中国地表年平均气温距平

数据来源：《中国气候变化蓝皮书（2021）》

在减缓气候变暖方面，科学家们普遍认为要控制排放到大气层中的碳以及其他温室气体。碳排放是全球性问题，减排需要全世界所有国家共同协调。我国提出碳达峰、碳中和既是为了参与全球治理，更是为了在全世界范围内树立起负责任大国形象，是推动构建人类命运共同体的具体行动。随着我国成为"世界工厂"、"世界市场"和制造业第一大国，我国的碳排放量总体是比较大的，2019 年的排放量占全球总排放量的 27%。尽管我国人均碳排放量远远低于美国，但我国一直以来都致力于降低碳排放。2019 年，我国单位国内生产总值二氧化碳排放比 2005 年降低 48.1%，非化石能源占比达 15.3%，提前完成 2020 年下降 40%—45% 的气候行动目标。[①]

---

① 参见罗照辉：《引领全球生态治理　共建人类美好家园》，《人民日报》2020 年 9 月 28 日。

第 三 节

▼

参与全球治理和推动构建
人类命运共同体的大国担当

习近平总书记在党的十九大报告中指出："引导应对气候变化国际合作，成为全球生态文明建设的重要参与者、贡献者、引领者。"面对日益严峻的国际生态环境，碳达峰、碳中和的提出，是我国参与、引领全球生态文明建设、顺应时代潮流的必然选择，也是担负起负责任大国应尽的国际义务。

我国积极履行《联合国气候变化框架公约》《巴黎协定》，推动建立公平合理、合作共赢的全球气候治理体系。1992 年 6 月，在里约热内卢联合国环境与发展大会上，由 154 个国家和地区共同签署的《联合国气候变化框架公约》是全球气候治理进程中具有里程碑意义的法律文件。该公约确定了应对气候变化的基本原则，其中最为重要的是"共同而区别的责任"原则，即世界各国都有义务承担减排的责任，发达国家应该承担，发展中国家也应该承担。由于发达国家工业革命时间早，排放二氧化碳的时间长、数量多，发达国家就应该率先采取措施应对气候变化；发展中国家进入工业革命时间短，排放二氧化碳的时间短、数量少，发展中国家应根据本国国情和发展变化情况进行减排，发达国家要帮助发展中国家进行减排。《联合国气候变化框架公约》是世界上第一个为应对全球气候变暖、控制二氧化碳等温室气体排放而订的国际公约，它奠定了国际社会应对气候变化的法律基础，为发达国家与发展中国家的国际合作搭建了一个基本框架。

《京都议定书》是在《联合国气候变化框架公约》签署五年后，即 1997 年 12 月各缔约方在日本京都通过的。《京都议定书》主要是要限制发达国家温室气体排放量，以防止剧烈的气候变化给人类带来更加难以估计的灾难。其主要内容包括以法律形式将"共同而区别的责任"原则进行明确细化，以法律形式限制温室气体排放。为了限制温室气体排放，允许各国采取四种方式进行减排：一是两个发达国家之间进行排放额度买卖的"排放权交易"，即两个发达国家按照指定的削减任务进行排放，如果其中一个国家没有或者比较难完成削减任务，那么，这个国家就可以花钱从另一个超额完成减排任务的国家购买超出的排放额度作为自己国家的排放额度。二是以"净排放量"计算各个国家的温室气体排放量。净排放量是一个国家实际温室气体排放量减去森林吸收的二氧化碳的数量。三是发达国家和发展中国家采用绿色开发机制共同合作减少温室气体排放。四是将欧盟国家作为一个整体，采取有的国家增加、有的国家削减的办法在总体上完成减排任务。《京都议定书》是全球第一个以法律的形式限制温室气体排放的公约，为全球气候治理作出了重要贡献。由于美国拒签《京都议定书》，世界各国对于它如何履行减排义务一直存疑。2007 年 12 月，联合国气候变化大会在印度尼西亚的巴厘岛通过"巴厘岛路线图"，明确所有发达国家缔约方都要履行温室气体减排责任，将美国纳入这一路线图中，使这一路线图成为全球气候治理进程中的一座里程碑，为联合国进一步落实气候变化管理指明了方向。

2015 年 12 月，联合国气候变化大会通过了《巴黎协定》。这一协定从 2016 年 11 月 4 日开始正式生效，29 项具体规定，罗列了各缔约方应对气候变化的具体措施。《巴黎协定》的特别之处在于将绿色低碳发展进一步确定为全球气候治理的理念，并且将原有的从上而下的国际气候谈判模式转变为现有的自下而上的谈判模式，这一协定奠定了世界各国参与全球减排的基本格局。作为继《京都议定书》后第二个在国际社会具有法律约束力的协定，《巴黎协定》对下一个五年的全球气候变化行动作出了具体安排，明确提出了 21 世纪将全球平均气温上升幅度控制在 2℃以内乃至 1.5℃以内的目标，明确了全球低碳转型方向。会后，各国相继提出碳中和目标。苏里南、不丹已实现碳中和。截至 2021 年 4 月，全球已经有 130 个国家和地区提出了碳中和目标。欧盟和英国已于 1990 年实现碳达峰，从碳达峰到承诺实现碳中和之间是 60 年的时间；美国已于 2005 年前后实现碳达峰，从碳达峰到承诺实现碳中和之间是 45 年的时间。

一些国家和地区提出的碳中和目标

承诺类型	具体国家和地区（规划时间）
已立法	瑞典（2045）、英国（2050）、法国（2050）、丹麦（2050）、新西兰（2050）、匈牙利（2050）
立法中	韩国（2050）、欧盟（2050）、西班牙（2050）、智利（2050）、斐济（2050）、加拿大（2050）
政策宣示	乌拉圭（2030）、芬兰（2035）、奥地利（2040）、冰岛（2040）、美国（2050）、德国（2050）、瑞士（2050）、挪威（2050）、爱尔兰（2050）、葡萄牙（2050）、哥斯达黎加（2050）、马绍尔群岛（2050）、斯洛文尼亚（2050）、南非（2050）、日本（2050）、中国（2060）、新加坡（21 世纪下半叶尽早）、中国香港（2050）、哈萨克斯坦（2050）

在第七十五届联合国大会一般性辩论上，习近平主席提出碳达峰、碳中和目标，我国承诺 2030 年前实现碳达峰、2060 年前实现碳中和，我国从碳达峰到碳中和的承诺时间上就比发达国家短很多。当前我国的绝对排放量高于他国，但达峰后我国年减排的速度和力度是要远超发达国家的。由于时间紧迫、任务艰巨，因此，我国不仅需要付出艰苦的努力，还要致力于全球生态国际合作，与世界各国携手共建美丽的地球家园。2016 年 9 月，我国率先发布《中国落实 2030 年可持续发展议程国别方案》，已同 100 多个国家开展了生态环境国际合作与交流，与 60 多个国家、国际及地区组织签署了约 150 项生态环境保护合作文件。提出"双碳"目标，是我国对世界的承诺，表明了我国参与、引领全球气候治理的决心和勇气，反映了我国应对全球气候变化的担当，也表达了我国与世界各国一道构建人类命运共同体的诚意。

实现"双碳"目标，建设绿色"一带一路"。为实现"双碳"目标，我国发布了一系列政策文件：2013 年发布了《对外投资合作环境保护指南》，2015 年发布了《推动共建丝绸之路经济带和 21 世纪海上丝绸之路的愿景与行动》，2017 年发布了《关于推进绿色"一带一路"建设的指导意见》和《"一带一路"生态环境保护合作规划》，等等，通过制度规定要求企业遵守东道国环保法规和标准，并在遵守法规的基础上主动承担社会责任。建设绿色"一带一路"，既要加强沿线国家生态环境保护，增加生物多样性保护措施，还要采取多种措施共同应对气候变化，不断增强共建国家凝聚力、向心力，为落实联合国 2030 年可持续发展目标注入新的动力和活力。当前，我国已启动共建"一带一路"生态环保大数据服务平台，截至 2020 年底已集成

30 余个国际权威公开平台的 200 余项指标数据，涉及全球 190 余个国家和地区。[①]

　　保护生态环境就是保护生产力，改善生态环境就是改善生产力，绿色"一带一路"促进了沿线国家经济的发展，改善了沿线国家生态环境，提高了沿线国家居民的生活水平。我国发起成立了"一带一路"绿色发展国际联盟，截至 2020 年底已有来自 40 余个国家的 150 多家合作伙伴，启动了生物多样性与生态系统、全球气候变化治理及绿色转型、绿色金融与投资、环境法律法规和标准等 10 个专题伙伴关系，并开展专题领域研究交流。2019 年，绿色发展国际联盟启动了《"一带一路"项目绿色发展指南》项目，此项目旨在制定"一带一路"项目分级分类指南，为解决项目遇到的问题、应遵守的规则、应该采取的流程提供方案，为绿色发展指明了方向。[②] 在中国绿色碳汇基金会资助下，2014 年全球环境研究所与缅甸春天基金会在缅甸勃固省 TBK 村启动了"基于清洁能源技术应用的缅甸森林保护"示范项目，解决了村民清洁用水和日常照明的需求。2017 年 3 月，中国国家发展改革委向缅甸自然资源和环境保护部赠送了 1 万台清洁炉灶和 5000 套 100 瓦太阳能家用光伏发电系统，开启了中国气候变化南南合作，具有典型的示范作用。不仅这些，巴基斯坦的卡洛特水电项目、埃塞俄比亚阿达玛风电二期项目、马来西亚槟城太阳能电池片及太阳能组件生产线项目、中埃·泰达苏伊士经贸合作区、韩国生态标签项目、智利圣地亚哥可持续交通、赞比亚太阳能磨坊项目等，都反映了

[①] 参见周国梅：《推动共建绿色"一带一路"，中国做出了哪些努力？》，中国一带一路网 2020 年 11 月 19 日。

[②] 同上。

绿色"一带一路"带来的生态文明成果是无可比拟的。截至 2019 年
4 月,"一带一路"重点区域内矿山环境治理与生态修复率从 50% 提
高到 85% 以上,基础设施建设损毁的临时用地复垦率接近 100%。[①]

　　我国政府承诺将于 2030 年前达到二氧化碳排放峰值并争取早日
实现,2030 年单位国内生产总值二氧化碳排放比 2005 年下降 65% 以
上,非化石能源消费比重达到 25% 左右,森林蓄积量达到 190 亿立
方米。[②] 对照西方发达国家的减排目标,从我国社会主义初级阶段的
基本国情和实际情况看,实现这一目标的难度是比较大的,需要在中
国共产党的领导下,集聚全国各族人民的力量,齐心协力才能实现。
为了持续促进气候变化合作,2018 年中国生态环境部和国际可再生
能源署签署《关于气候变化合作的谅解备忘录》,进一步夯实了双方
合作基础,表明了中国追求低碳发展的决心。"双碳"目标的提出不
仅有着非常重要的世界意义,也是推动高质量发展的必然要求。

---

① 参见《绿色"一带一路"推动可持续发展》,央广网 2019 年 4 月 21 日。
② 参见《中共中央国务院关于完整准确全面贯彻新发展理念做好碳达峰碳中和工作
的意见》,《人民日报》2021 年 10 月 25 日。

推动高质量发展的
必然要求

提出"双碳"目标是人类文明形态进步的必然选择,为我国转变经济发展模式,加强绿色低碳科技创新,持续壮大绿色低碳产业,加快形成绿色经济新动能和可持续增长极,显著提升经济社会发展质量效益,全面建设社会主义现代化强国,提供强大动力。

人类文明从农耕文明走向工业文明,从工业文明走向生态文明是历史进步的必然选择。发现和利用煤、油、气等化石能源,前所未有地提高了人类的劳动生产力,人类文明进入工业文明时期。工业文明虽然创造了巨大的社会财富,但也带来了一系列的生态环境问题,如破坏环境、使气候灾害频发和严重影响可持续发展等。如今,非化石能源利用技术的进步,正推动着人类文明由工业文明走向生态文明,并在一定程度上推动着新一轮的能源革命。在全球能源革命转型的过程中,大部分国家主要经历了三个阶段的转型:以煤炭为主要能源的第一个阶段,数据显示,1913年煤炭占全球一次能源的70%;以油气为主要能源的第二个阶段;由以油气为主转向以非化石能源为主的第三个阶段。非化石能源的发展,是人类文明走向生态文明的标志,也是人类文明未来进步的基础。

改革开放以来，我国能源消费的快速增长推动经济快速发展，资源能效得到巨大提高，能源结构得到明显改善，但对于我国是否已进入全球能源革命的第三阶段还难以下定论。在我国当前的能源结构中，化石能源仍然是主要能源。从 1979 年到 2005 年，煤炭资源消费在总能源消费中的平均比重为 72.4%。和其他能源消费量变化相比，虽然近几年煤炭占能源消费的比重在逐渐下降，但绝对消费量仍在不断上升。2020 年，我国化石能源消费在一次能源消费中的占比约为85%，其中煤炭消费占比约为 57%，石油消费占比约为 18%，天然气消费占比大约仅为 8%。在这种能源结构中，我国二氧化碳的排放量始终居高不下。由化石能源消费产生的碳排放为 95 亿吨，其中煤炭消费产生的碳排放为 73.5 亿吨，石油消费产生的碳排放约为 15.4 亿吨，天然气消费产生的碳排放约为 6 亿吨。

2011—2021 年中国煤炭消费量占能源消费总量的比例

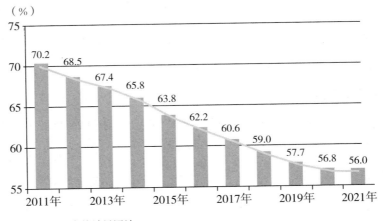

数据来源：国家统计局网站

随着供给侧结构性改革不断推进，新能源使用快速发展，煤炭在我国能源结构中的占比有所下降，但仍保持着主体地位。截至 2020 年底，全国全口径煤电装机容量 10.8 亿千瓦，占总装机容量的比重为 49.1%，虽然首次降至 50% 以下，但占比仍然很高。[①] 如今，我国顺应天然气取代煤炭的国际主流趋势，全面推进"煤改气"的供暖改革。由于我国天然气产量较低，对外依赖程度较高，天然气在我国能源结构中的占比依然很低，对"煤改气"能源改革造成了一定阻碍。所以，我国的能源结构转型与全球能源结构转型稍有差异。我国第一阶段的能源也是以煤炭为主，但目前的能源发展不会像全球能源结构一样以油气为主，而是形成化石能源和非化石能源多元发展的模式。由于化石能源在燃烧过程中会产生碳，为了实现碳中和，化石能源会逐渐被低碳甚至零碳的新能源所取代，使我国逐步走向绿色、低碳、安全、高效的生态文明之路。所以，我国提出碳达峰、碳中和，一方面是人类文明形态进步的必然选择，另一方面也是我国高质量发展的现实需要。

当前，我国的能源改革已初见成效，水能、核能和风能等新能源在能源结构中的占比明显提升。现在，我国正在推进可再生能源的快速发展，大力推进水电、风电、核电、太阳能以及新基建、新能源技术领域的发展，推进智能电网、虚拟电厂等新型业态的发展。有数据显示，预计到 2025 年，我国非化石能源在一次能源中的占比将达到 20%，电力能源在整个终端能源中的占比将超过 30%，非化石能源发电装机占比将达 50%，发电量占比将超过 40%。到那时，可再生能源

---

① 参见《中国能源大数据报告（2021 年）——电力篇》，全国能源信息平台 2021 年 6 月 17 日。

将在能源利用中起到中流砥柱的作用，有望成为"十四五"期间能源增量的主体力量，煤炭消耗稳中有降，从而顺利实现"煤达峰"。在此基础上，到了"十五五"时期，通过非化石能源增长和再电气化，我国东部地区的城市将会率先实现2030年前碳达峰的目标，为全国碳达峰奠定坚实基础。

2011—2021年中国非化石能源发电装机容量

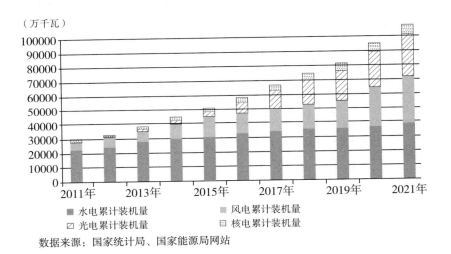

数据来源：国家统计局、国家能源局网站

现在距实现到2030年前碳达峰的目标，剩余时间已不足10年。因此，对我国来说，"十四五"时期的能源规划就变得极为重要，它需要为实现2030年前碳达峰奠定基石，为2060年前实现碳中和目标明确路径。"十四五"时期是我国面临"三期叠加"的关键时期，这个时候明确提出"双碳"目标就为中国经济发展的绿色转型指明了方向。我国作为最大的发展中国家，在发展过程中还面临着经济发展、改善民生、共同富裕、治理污染等一系列任务。但落实自主减排目标和碳中和的愿景，是实现可持续发展的内在需求，是推动我国经济高质量发展和生态文明建设的重要抓手。特别是随着新冠肺炎疫情持续影响，全球各国的经济都受到严重影响，如何通过低碳转型、通过发展绿色经济达到经济复苏的目的，成为各个国家都需要解决的问题。我国提出"双碳"目标，从一定程度上将中国的绿色发展之路提到了新的高度，也成为我国经济未来发展的主基调之一。

实现"双碳"目标，要求中国以前所未有的力度进行经济结构低碳转型。高能耗高排放传统产业将面临产能压减，固定资产投资会减少。推进经济结构的低碳转型需要创造大量对非化石能源的投资、传统行业的技改投资、低碳无碳新技术的新增投资等需求，促进经济绿色高质量发展。当前，中国各地发展不平衡现象仍然存在，经济发展、产业结构、技术水平和自然资源禀赋存在显著差异。因此，碳达峰在全国的布局、目标的分解和政策实施层面，应依据经济基础和碳排放情况进行差异化安排，充分体现出区域差异，压实地方主体责任，推进各地区有序达峰；同时，鼓励经济发达和有条件的地方率先达峰，为推进国家整体碳达峰承担更多责任。只有这样，才能为全国范围的碳达峰创造有利条件。

此外，碳中和要求中国能源消费结构向低碳化、无碳化作出深度调整，实现能源供给结构与之匹配。为实现"双碳"目标，我国要严控煤电项目，推动煤电装机在"十四五"时期达峰，并在 2030 年后快速下降。我国煤电装机容量未来峰值预计为 11 亿—13 亿千瓦，煤电产能整体增长空间已十分有限。电力部门要在 2050 年前实现零排放、2060 年前实现一定规模的负排放，才能支撑整个能源系统实现碳中和。①

　　碳达峰、碳中和是系统性、战略性和全局性工作，覆盖社会领域各个方面。把碳达峰、碳中和纳入生态文明建设整体布局，有助于加快形成节约资源和保护环境的产业结构、生产方式、生活方式、空间格局。为实现"双碳"目标，从中央到地方，各省区市、各行业都制定了明确的时间表以及路线图。从 2010 年开始，国家先后开展了 3 批共计 87 个低碳省市试点。这些试点省市单位 GDP 能耗和碳排放平均水平下降迅速，上海、深圳、苏州、宁波等东部城市的碳减排更是走在前列，上海、深圳已明确提出 2025 年提前达峰。当然，国家对这些城市的期望不只是达峰，之后的排放控制标准肯定会越来越严格。相比之下，西部城市由于碳达峰完成时间和压力较大，必须给它们留出一定的"碳空间"。西部地区由于具备丰富的太阳能、风力、水力等资源，更适合发展新能源，在推进碳减排的过程中更占优势。如果国家严格控制化石燃料的生产和消费，西部地区能够充分利用可再生资源实现可持续发展，将是一个非常好的机遇，地方政府应适时转变发展思路，建立低碳发展的体制机制。

　　我国的低碳行动经历了由碳强度控制、碳总量控制向碳中和的"质"的飞跃，"双碳"目标需要在"十四五"和"十五五"期间落实。这就需要我们打好这场硬仗，既要避免碳达峰对经济造成影响，也要实现经济的高质量发展。

---

　　① 参见张中祥：《碳达峰、碳中和目标下的中国与世界》，《人民论坛·学术前沿》2021 年 7 月下。

C 2 "双碳"目标的内涵及实现的基础

从 1992 年的《联合国气候变化框架公约》，到 1997 年的《京都议定书》，再到 2015 年的《巴黎协定》，我国一直是全球应对气候变化的贡献者和参与者，2020 年我国又提出"双碳"目标。"双碳"目标具有丰富的内涵。实现"双碳"目标，我国具备的基础包括：绿色可持续发展战略深入人心，强大的国家综合实力奠定经济基础，科技创新奠定技术基础，具有良好的市场和政策环境。降碳，已成为"十四五"开局的关键词。习近平总书记指出，"十四五"时期，我国生态文明建设进入了以降碳为重点战略方向、推动减污降碳协同增效、促进经济社会发展全面绿色转型、实现生态环境质量改善由量变到质变的关键时期。

▼

"双碳"目标的内涵

"双碳"即碳达峰、碳中和的简称。目前，全球已有 130 多个国家和地区提出了碳中和目标，并出台了相应的科技发展规划。欧盟于 2019 年颁布《欧洲绿色新政》，提出通过加大"地平线计划"项目投入等方式支持技术创新；美国于 2020 年发布《清洁能源革命和环境正义计划》，将液体燃料、低碳交通、可再生能源发电、储能等列为重点方向；日本于 2020 年 12 月发布"绿色增长战略"，提出海上风力发电、电动车、氢能源等 14 个重点领域深度减排的详细技术路线图、技术发展目标和主要措施等。2013 年 6 月 17 日，是我国首个"全国低碳日"；2020 年 9 月，我国明确提出 2030 年前"碳达峰"与 2060 年前"碳中和"目标；2021 年 5 月 26 日，碳达峰碳中和工作领导小组第一次全体会议在北京召开；2021 年 7 月 16 日，全国碳市场正式开市；2021 年 9 月 22 日印发的《意见》，重申了"双碳"目标，并对推进碳达峰、碳中和工作作出重要部署。

一、"双碳"目标提出的渊源

"双碳"目标提出的根据之一是《巴黎协定》中关于国家自主贡献强化目标的相关规定。《巴黎协定》的一个重要成果是确定了 2020

年后全球应对气候变化制度的总设计。为了实现这一目标，《巴黎协定》规定了以"国家自主贡献"为基础的减排机制，要求各缔约国提出各自的国家自主贡献（达到温室气体排放峰值的时间、减排目标等，并每五年更新一次）。2016 年，全球已提交了 160 余份国家自主贡献预案。《巴黎协定》的规定与中国生态文明建设目标基本一致。中国"双碳"目标是按照《巴黎协定》规定更新的国家自主贡献强化目标提出的，表明了我国对《巴黎协定》的坚决支持，不仅顺应了世界潮流，而且符合国家可持续发展的需要。

二、"双碳"的主要目标

《意见》指出，到 2025 年，绿色低碳循环发展的经济体系初步形成，重点行业能源利用效率大幅提升。单位国内生产总值能耗比 2020 年下降 13.5%；单位国内生产总值二氧化碳排放比 2020 年下降 18%；非化石能源消费比重达到 20% 左右；森林覆盖率达到 24.1%，森林蓄积量达到 180 亿立方米，为实现碳达峰、碳中和奠定坚实基础。

到 2030 年，经济社会发展全面绿色转型取得显著成效，重点耗能行业能源利用效率达到国际先进水平。单位国内生产总值能耗大幅下降；单位国内生产总值二氧化碳排放比 2005 年下降 65% 以上；非化石能源消费比重达到 25% 左右，风电、太阳能发电总装机容量达到 12 亿千瓦以上；森林覆盖率达到 25% 左右，森林蓄积量达到 190 亿立方米，二氧化碳排放量达到峰值并实现稳中有降。

到 2060 年，绿色低碳循环发展的经济体系和清洁低碳安全高效的能源体系全面建立，能源利用效率达到国际先进水平，非化石能源消费比重达到 80% 以上，碳中和目标顺利实现，生态文明建设取得丰硕成果，开创人与自然和谐共生新境界。

中国减碳时间表

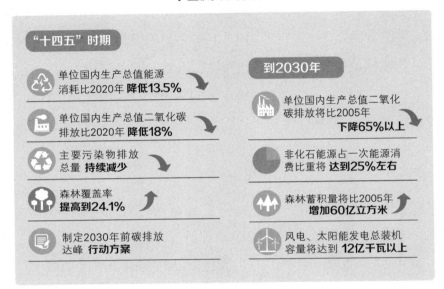

《意见》还依据 5 个方面的主要目标，提出 10 个方面 31 项重点任务。一是推进经济社会发展全面绿色转型。强化绿色低碳发展规划引领，优化绿色低碳发展区域布局，加快形成绿色生产生活方式。二是深度调整产业结构。推动产业结构优化升级，坚决遏制高耗能高排放项目盲目发展，大力发展绿色低碳产业。三是加快构建清洁低碳安全高效能源体系。强化能源消费强度和总量双控，大幅提升能源利用效率，严格控制化石能源消费，积极发展非化石能源，深化能源体制机制改革。四是加快推进低碳交通运输体系建设。优化交通运输结构，推广节能低碳型交通工具，积极引导低碳出行。五是提升城乡建设绿色低碳发展质量。推进城乡建设和管理模式低碳转型，大力发展节能低碳建筑，加快优化建筑用能结构。六是加强绿色低碳重大科技攻关和推广应用。强化基础研究和前沿技术布局，加快先进适用技术研发和推广。七是持续巩固提升碳汇能力。巩固生态系统碳汇能力，提升生态系统碳汇增量。八是提高对外开放绿色低碳发展水平。加快建立绿色贸易体系，推进绿色"一带一路"建设，加强国际交流与合作。九是健全法律法规标准和统计监测体系。健全法律法规，完善标准计量体系，提升统计监测能力。十是完善政策机制。完善投资政策，积极发展绿色金融，完善财税价格政策，推进市场化机制建设。

这一系列目标和任务，标志着我国将在全球完成碳排放强度的最大降幅，实现历史上最短时间从碳排放峰值到碳中和。这是立足于我国发展阶段和国情实际的重要部署，体现了我国巨大的雄心，需要我们付出艰苦卓绝的努力。

《行动方案》指出，要坚持系统观念，处理好发展和减排、整体和局部、短期和中长期的关系，统筹稳增长和调结构，把碳达峰、碳中和纳入经济社会发展全局，坚持"全国统筹、节约优先、双轮驱动、内外畅通、防范风险"的总方针，有力有序有效做好碳达峰工作，明确各地区、各领域、各行业目标任务，加快实现生产生活方式绿色变革，推动经济社会发展建立在资源高效利用和绿色低碳发展的基础之上，确保如期实现 2030 年前碳达峰目标。

《行动方案》指出，"十四五"期间，产业结构和能源结构调整优化取得明显进展，重点行业能源利用效率大幅提升，煤炭消费增长得到严格控制，新型电力系统加快构建，绿色低碳技术研发和推广应用取得新进展，绿色生产生活方式得到普遍推行，有利于绿色低碳循环发展的政策体系进一步完善。到 2025 年，非化石能源消费比重达到

20% 左右，单位国内生产总值能源消耗比 2020 年下降 13.5%，单位国内生产总值二氧化碳排放比 2020 年下降 18%，为实现碳达峰奠定坚实基础。

"十五五"期间，产业结构调整取得重大进展，清洁低碳安全高效的能源体系初步建立，重点领域低碳发展模式基本形成，重点耗能行业能源利用效率达到国际先进水平，非化石能源消费比重进一步提高，煤炭消费逐步减少，绿色低碳技术取得关键突破，绿色生活方式成为公众自觉选择，绿色低碳循环发展政策体系基本健全。到 2030 年，非化石能源消费比重达到 25% 左右，单位国内生产总值二氧化碳排放比 2005 年下降 65% 以上，顺利实现 2030 年前碳达峰目标。

《行动方案》指出，实现碳达峰的重点任务，即"碳达峰十大行动"为：一是能源绿色低碳转型行动。推进煤炭消费替代和转型升级。大力发展新能源。因地制宜开发水电。积极安全有序发展核电。合理调控油气消费。加快建设新型电力系统。二是节能降碳增效行动。全面提升节能管理能力。实施节能降碳重点工程。推进重点用能设备节能增效。加强新型基础设施节能降碳。三是工业领域碳达峰行动。推动工业领域绿色低碳发展。推动钢铁行业碳达峰。推动有色金属行业碳达峰。推动建材行业碳达峰。推动石化化工行业碳达峰。坚决遏制"两高"（高耗能、高污染）项目盲目发展。四是城乡建设碳达峰行动。推进城乡建设绿色低碳转型。加快提升建筑能效水平。加快优化建筑用能结构。推进农村建设和用能低碳转型。五是交通运输绿色低碳行动。推动运输工具装备低碳转型。构建绿色高效交通运输体系。加快绿色交通基础设施建设。六是循环经济助力降碳行动。推进产业园区循环化发展。加强大宗固废综合利用。健全资源循环利用体系。大力推进生活垃圾减量化资源化。七是绿色低碳科技创新行动。完善创新体制机制。加强创新能力建设和人才培养。强化应用基础研究。加快先进适用技术研发和推广应用。八是碳汇能力巩固提升行动。巩固生态系统固碳作用。提升生态系统碳汇能力。加强生态系统碳汇基础支撑。推进农业农村减排固碳。九是绿色低碳全民行动。加强生态文明宣传教育。推广绿色低碳生活方式。引导企业履行社会责任。强化领导干部培训。十是各地区梯次有序碳达峰行动。科学合理确定有序达峰目标。因地制宜推进绿色低碳发展。上下联动制定地方达峰方案。组织开展碳达峰试点建设。

《行动方案》还指出，在国际合作方面，要深度参与全球气候治理，开展绿色经贸、技术与金融合作，推进绿色"一带一路"建设。在政策保障方面，建立统一规范的碳排放统计核算体系，健全法律法规标准，完善经济政策，建立健全市场化机制。在组织实施方面，加强统筹协调，强化责任落实，严格监督考核。

《行动方案》聚焦"十四五"和"十五五"两个碳达峰关键时期，为顺利实现 2030 年前碳达峰指明方向。

2022 年 3 月 5 日，习近平总书记参加十三届全国人大五次会议内蒙古代表团审议时强调："要积极稳妥推进碳达峰碳中和工作，立足富煤贫油少气的基本国情，按照国家'双碳'工作规划部署，增强系统观念，坚持稳中求进、逐步实现，坚持降碳、减污、扩绿、增长协同推进，在降碳的同时确保能源安全、产业链供应链安全、粮食安全，保障群众正常生活，不能脱离实际、急于求成。"

三、全国省区市计划实现"双碳"目标的相关内容

为实现"双碳"目标，全国各省区市都非常重视，针对降低碳排放强度，积极制订碳达峰、碳中和实施方案，提出了切实可行的措施办法。

例如，北京市提出明确碳中和时间表、路线图，推进能源结构调整和交通、建筑等重点领域节能。天津市提出推动钢铁等重点行业率先达峰和煤炭消费尽早达峰，大力发展可再生能源，推进绿色技术研发应用；积极对接全国碳排放权交易市场，推动工业绿色转型。山西省提出把开展碳达峰作为深化能源革命综合改革试点的牵引举措，推动煤矿绿色智能开采，推进煤炭分质分级梯级利用，抓好煤炭消费减量等量替代。福建省提出创新碳交易市场机制，大力发展碳汇金融；开发绿色能源，完善绿色制造体系，加快建设绿色产业示范基地，实施绿色建筑创建行动；促进绿色低碳发展；支持厦门、南平等地率先达峰，推进低碳城市、低碳园区、低碳社区试点；深化"电动福建"建设。湖北省提出开展近零碳排放示范区建设；加快建设全国碳排放权注册登记结算系统；大力发展循环经济、低碳经济，培育壮大节能环保、清洁能源产业。黑龙江省提出落实碳达峰要求，因地制宜实施"煤改气""煤改电"等清洁供暖项目，优化风电、光伏发电布局。西藏自治区提出将加快绿色清洁能源、生态资源价值转换，创建国家清洁可再生能源利用示范区；构建稳定可靠综合能源体系；到 2025 年，建成和在建水电总装机 1500 万千瓦以上。

部分省区市"双碳"目标内容汇总表

省区市	"十四五"时期发展目标与主要任务	2022年重点任务[①]
北京市	碳排放稳中有降	推动减污降碳协同增效。坚持节约优先，以科技创新为牵引，大力开展节能全民行动，稳步推进碳中和行动
上海市	坚持生态优先、绿色发展，加大环境治理力度，加快实施生态惠民工程	积极落实碳达峰碳中和目标任务。有序推动重点领域、重点行业开展碳达峰专项行动
浙江省	大力倡导绿色低碳生产生活方式，非化石能源占一次能源比重提高到24%，煤电装机占比下降到42%	大力推行绿色低碳生产生活方式。坚持先立后破，通盘谋划，科学有序推进碳达峰碳中和，落实好新增可再生能源和原料用能不纳入能源消费总量控制的政策，坚决遏制"两高"项目盲目发展，坚决避免"一刀切"、运动式"减碳"
河北省	开展大规模国土绿化行动，推进自然保护地体系建设，打造塞罕坝生态文明建设示范区 强化资源利用，建立健全自然资源资产产权制度和生态产品价值实现机制	稳妥有序推进碳达峰碳中和。加快调整产业、能源、交通运输结构，遏制"两高"项目盲目发展，推动能耗"双控"向碳排放总量和强度"双控"转变

续表

省区市	"十四五"时期发展目标与主要任务	2022年重点任务
辽宁省	围绕绿色生态、单位地区生产总值能耗、二氧化碳排放达到国家要求、围绕能源保障、提出能源综合生产能力达到6133万吨标准煤	有序推进碳达峰碳中和。推进电力、钢铁、有色、建材、石化行业碳达峰行动，坚决防止一刀切、运动式减碳
广东省	打造规则衔接示范地、要素集聚地、科技产业创新策源地、内外循环链接地、发展支撑地	大力推动绿色低碳转型。制定碳达峰碳中和实施意见和碳达峰实施方案
四川省	单位地区生产总值能源消耗、二氧化碳排放幅完成国家下达的目标任务，大气、水体等质量明显好转，森林覆盖率持续提升；粮食综合生产能力保持稳定，能源综合生产能力增强	有序推进碳达峰碳中和。严格落实国家双碳政策，实施"碳达峰十大行动"，推动近零碳排放试点建设。出台坚决遏制"两高"项目盲目发展三年行动实施方案，加强重点用能单位能耗监测。发挥四川联合环境交易所功能，有序推进碳排放权、用能权交易，鼓励参与全国碳市场交易
新疆维吾尔自治区	力争到"十四五"末，全区可再生能源装机规模达到8240万千瓦，建成全国重要的清洁能源基地	推动绿色低碳发展。有序推进碳达峰碳中和，着力提高能源利用效率、常态化抓好重点区域重点行业重点企业节能挖潜、稳步提高新增风、光等可再生能源消纳，推动煤炭高效清洁利用和煤电机组灵活性改造

绿色可持续发展理念
深入人心

当今世界，绿色可持续发展战略不仅是全世界发展的主要议题，而且是中国未来发展的重要内容。保持中国经济可持续发展，绿色可持续发展战略已深入中国经济、政治、文化等各个领域，为全球可持续发展作出贡献。

一、绿色可持续发展战略深入经济领域

20 世纪 80 年代末，有环境学家主张，不能以发展经济为目标而牺牲全球生态系统，发展经济必须在生态系统可以承受的范围内进行，否则自然资源会消耗殆尽，经济也无法持续发展。"绿色经济"这一概念应运而生。绿色经济是以绿色价值观为导向，以传统经济为基础，通过绿色技术创新探寻新的经济增长点，让人们充分享受经济发展成果的同时，减少由于经济发展对环境造成破坏的模式。新时代的绿色经济主体包括现代林业、农业产品技术、水生态系统、工业技术等四大板块。2012 年 6 月，联合国可持续发展大会（"里约＋ 20"峰会）的主要议题之一就是"绿色经济在可持续发展和消除贫困方面的作用"。

环境保护和经济发展曾经如同"鱼和熊掌"不可兼得，若中国采用大多数老牌资本主义发达国家以往"先污染后治理"的发展模式，到最后必定是一种得不偿失的失败模式。如今，世界上大多数国家为发展经济，已经消耗了大量的自然资源。由于人类过度地向大自然索取，生态系统遭到破坏，气候变化加剧，社会灾害频繁爆发。显然，"先污染后治理"的老路已经走不通了，为实现全人类的共同发展，走"绿色经济"之路是大势所趋。

发展绿色经济是实现"双碳"目标的经济基础。全世界人民都在为保护生态系统作出努力，中国也采取了发展"绿色经济"的积极举措。作为国民经济和社会发展的战略支柱产业之一的中国石油化工行业积极履行《关于汞的水俣公约》，推动行业绿色发展和绿色转型，完成了电石法聚氯乙烯低汞化改造，取得了磷石膏利用量稳步提升，挥发性有机物（VOCs）治理加快，行业能源消耗增速快速下降，氮氧化物等主要污染物排放量下降10%以上，全行业固体废物综合利用率达到70%以上等可喜成绩，成为"十三五"时期我国工业领域绿色发展的亮点之一。到2021年，位于长江边的兴发集团主动拆除宜昌园区沿江装置，关停古夫、阳日化工厂，拆除工业级产品装置10万吨/年以上，累计拆除沿江生产装置32套，资产价值13.58亿元，削减排放量30%。近些年来，我国现代林业规模发展取得了较好成效。美国航天局等机构的卫星数据显示：2000—2017年，全球新增绿化面积的约1/4来自中国，中国的贡献占比居首。

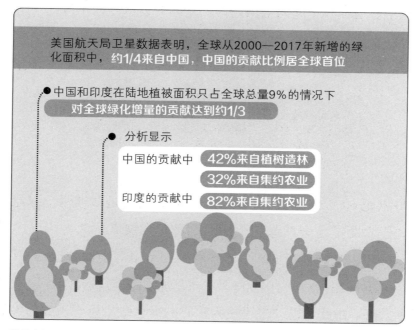

数据来源：美国航天局卫星数据

二、绿色可持续发展战略深入政治领域

绿色政治思想作为生态主义的重要组成部分有着丰富的内涵，要求任何政治体制和活动都要以公平正义为原则，以充分尊重生态系统中所有生命形式为核心，尊重一切生命体的存在价值和各社会各阶层人群的权益。进入 20 世纪后，人类经历了两次世界大战和许多局部冲突，特别是超级大国的核军备与核竞赛，给人类历史留下的不仅仅是一串串关于死亡人数的数字，而且对自然环境和生态系统造成了不可修复的破坏。人类生态危机的出现和世界部分国家或地区战乱不

断、动荡不安，迫使人们将政治与"生态环境"联系起来，痛定思痛，远离战争、追求和平成为全世界人民共同的追求。

绿色可持续发展理念深入人心

绿色可持续发展战略深入经济领域　绿色可持续发展战略深入政治领域　绿色可持续发展战略深入文化领域

20 世纪 60 年代起，生态运动的兴起，尤其是欧洲两个绿党跨国党团的建立助推了全球绿色政治浪潮蓬勃发展。据联合国环境署统计，1976 年，全球共有 532 个非政府组织从事环境保护运动。目前，非政府组织日益壮大，有 7000 多个非政府组织与联合国环境联络中心联系紧密。由此，以"平等"为核心的绿色政治思想，成为人们远离战争污染的希望所在，成为一种全新的政治理念。

绿色政治不是单纯地强调环境保护，其侧重点体现在人类的社会活动中。绿色政治思想所体现的"尊重一切生命体存在价值和各社会各阶层人群的权益""充分发扬基础民主"，对于我们研究绿色可持续发展战略具有借鉴意义。贯彻绿色生态理念，有助于我们顺利实现"双碳"目标。

三、绿色可持续发展战略深入文化领域

绿色文化是指以人与自然协调发展为目标，为改善人类生存发展的条件而进行活动随之产生的积极成果，倡导人与自然协调发展。绿色文化有广义和狭义之分。从广义上讲，绿色文化是以人与自然协调

发展为目标，实现人类可持续发展的文化，包括绿色农业、绿色工程、绿色交通、绿色教育、绿色文学等，以及有绿色象征意义的生态旅游、生态意识、生态艺术等。从狭义上讲，绿色文化是包含了农业、林业、城市绿化、狩猎文化以及所有植物学科等人类创造的一切以绿色植物为标志的文化。

5000多年的中华文明孕育了丰富的生态文明观，绿色文化理念在我国古已有之。《孟子》中说："不违农时，谷不可胜食也；数罟不入洿池，鱼鳖不可胜食也；斧斤以时入山林，材木不可胜用也。"《荀子》中说："草木荣华滋硕之时，则斧斤不入山林，不夭其生，不绝其长也。"《齐民要术》中有"顺天时，量地利，则用力少而成功多"的记述。这些观念说明在我国古代已有重视自然资源、维持生态平衡的意识。

随着改革开放的不断深入，我国经济迅猛发展的同时，一些地区为追求经济增长而忽视了对自然环境的保护，导致生态破坏。遭到大自然报复后，人们逐渐警醒：要想经济可持续发展，必须维护生态平衡，实现人与自然协调发展，因此，建设生态文明，发展绿色文化是关系中华民族持久发展的根本大计。

党的十八大以来，生态文明建设作为"五位一体"总体布局的重要内容之一，绿色可持续发展理念深入人心。习近平总书记在不同场合、不同会议上多次强调："绿水青山就是金山银山。"党的十九大报告指出："我们要建设的现代化是人与自然和谐共生的现代化，既要创造更多物质财富和精神财富以满足人民日益增长的美好生活需要，也要提供更多优质生态产品以满足人民日益增长的优美生态环境需要。必须坚持节约优先、保护优先、自然恢复为主的方针，形成节约资源和保护环境的空间格局、产业结构、生产方式、生活方式，还自然以宁静、和谐、美丽。"绿色文化为中国特色社会主义文化增添了新元素，成为推进新时代中国经济发展的重要价值导向。如今，绿色文化对我国社会经济健康发展发挥着积极的导向作用，人们对绿色产品的需求量日益增加，对绿色文化的关注度越来越高，全国各地正在积极贯彻绿色文化发展理念，把保护自然环境、发展生态建设作为重大工作抓紧抓好，对严重破坏生态环境事件严惩不贷，确保绿水青山常在，人与自然协调发展，增强绿色文化的意识自觉。因此，发展绿色文化思想是实现"双碳"目标的文化基础。

强大的国家综合实力
奠定经济基础

在"双碳"目标的指引下，不管在政策上还是在实践中，我国一直在努力探寻可持续发展的经济增长方式。从"十一五"时期开始，国家将节能降碳纳入五年规划，节能降碳成为各省区市的一项常规工作。目前，我国在发展理念、经济实力、技术能力、资源优势等方面，已经具备了实现"双碳"目标的经济基础和客观条件。

一、实现"双碳"目标的经济发展理念已更新

随着时代的变迁，社会发展日新月异，人们的财富观念早已不是农耕时期传统的实物经济理念，实现"双碳"目标要求我们不仅要继续坚持遵循市场规律，而且要不断创新经济发展理念。

传统观念普遍认为，经济的发展是和财富的增长联系在一起的，发展的最终目标就是拥有丰厚的物质基础，达到高度发达的物质文明，将经济增长置于第一位，而将环境保护置于其后，甚至认为两者的关系是对立的，是不可兼得的。近年来，随着全球环境问题频频发生，人们才意识到如果不加以改善，经济增长与环境保护之间的冲突将越来越激烈，从人类长远利益出发考虑，对环境采取"索取式"的

态度，其实是极不利于一个国家经济可持续发展的。

在认识到环境对人类生存发展的重要性后，人们开始逐渐形成"绿色发展"的理念。在中国，"绿水青山就是金山银山"的理念日益深入人心，为实现"双碳"目标奠定了思想基础。如何认识绿色发展？如今，绿色发展已经不限于污染治理和环境保护，而包括绿色生产、绿色流通、绿色消费、绿色创新、绿色融资等，实际上是指日益绿色化、完整的经济体系，绿色技术成为中国经济增长的新导向。全国政协经济委员会副主任、中国发展基金副理事长刘世锦认为："过去我们讲破旧立新，旧的不去，新的不来，但在这次绿色转型中应该是新的不来，旧的不去。"也就是说，当前发展绿色经济的重点是通过形成新的、绿色的能源供给取代旧的、消耗型的能源供给。

二、实现"双碳"目标的经济实力已具备

2021 年 5 月 18 日，渣打全球研究团队发布《充满挑战的脱碳之路》报告，报告显示，为达成碳中和目标，2060 年前中国在脱碳进程中需 127 万亿—192 万亿元人民币的投资，相当于平均每年投资人民币 3.2 万亿—4.8 万亿元。我国要实现"双碳"目标，需要通过服务业、低碳和高科技制造业 GDP 占比上升来推进经济转型，而经济转型的背后是巨大的投资，投资的基础是拥有强大的经济实力。

2010 年，我国经济总量突破 40 万亿元，成为世界第二大经济体。党的十八大以来，我国经济总量连续跨越重要关口，2016 年突破 70 万亿元。2016 年至 2019 年，我国经济总量逐年递增 10 万亿元，占世界经济的比重超过 16%。截至 2019 年底，我国碳排放速度减缓，碳强度较 2005 年降低约 48.1%，非化石能源消费占一次能源消费比

重达 15.3%。① 尤其在遭受了新冠肺炎疫情的严重创伤后，我国作为全球唯一一个 2020 年实现经济正增长的经济体，仍推动世界经济实现"绿色复苏"。国家统计局 2021 年 2 月 28 日发布的《中华人民共和国 2020 年国民经济和社会发展统计公报》显示，2020 年全年我国国内生产总值 101.6 万亿元，比上年增长 2.3%，历史上首次突破 100 万亿元，稳居世界第二，我国经济总量约占世界总量的 17.39%，人均 GDP 连续两年超过 1 万美元；第二季度增速由负转正，增长 3.2%，第三季度增长 4.9%，第四季度增长 6.5%，走出了一条令世人惊叹的逆势增长的 V 曲线。二氧化碳排放约占世界总排放的 29%，强大的国家综合实力为实现"双碳"目标奠定了坚实的经济基础。

2011—2020 年中国二氧化碳排放强度和国内生产总值

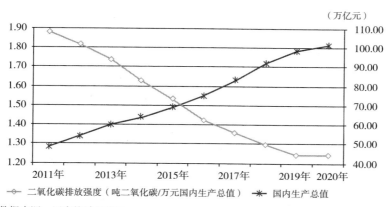

数据来源：国家统计局网站

---

① 参见丁亦鑫：《生态环境部：我国提前完成碳减排 2020 年目标　较 2005 年降低约 48.1%》，人民网 2020 年 10 月 28 日。

三、实现"双碳"目标的技术基础已打牢

在推进绿色经济的过程中，美国等发达国家在技术方面仍然处于整体领先地位，并一直蓄意阻止中国在绿色低碳转型之路上顺利前进。然而，改革开放以来，中国一直在生产基础、技术能力、科技资源等方面持续努力，在绿色低碳转型之路上实现了一次又一次技术突破，建成了全球最大规模的清洁能源系统、最大规模的绿色能源基础设施，具备了最大规模的新能源汽车保有量，为实现经济社会的绿色转型打下了坚实的基础。

中国新能源汽车保有量

数据来源：中国汽车工业协会

党的十八大以来，我国在风电、光伏、动力电池等新能源领域的技术水平和产业竞争力潜力巨大，总体处于全球前沿。中国科学院科技战略咨询研究院等机构发布的相关报告指出，除了风能、光伏外，氢能、地热、能源互联网等领域的理论界的研究论文和专利数量惊人。

随着绿色低碳领域的创新发展，我国已具备了强大的装备制造能力，掌握了强大的核心技术和关键的产业链，可以大大降低清洁能源技术成本。2021 年 4 月，美国战略与国际研究中心（CSIS）发布的一篇报告显示，中国是全球关键矿产和清洁能源产品供应链的主要利益攸关方。在风力发电机的价值链中，中国拥有大约 50% 的产能，2020 年，我国新增风电装机容量 57.8GW，占全球新增装机容量的 60%；在太阳能光伏制造业中，新增太阳能光伏装机容量为 48.2GW，拥有全球 90% 以上的晶圆产能、2/3 的多晶硅产能和 72% 的组件产能，可再生能源的开发利用规模稳居世界第一；中国的锂电池制造业约占全球供应量的 80%。诸如此类的科技进步为实现"双碳"目标奠定了技术基础。

四、实现"双碳"目标的资源优势已存在

中国国土资源丰富，在减碳技术研发创新中具有得天独厚的地理优势。例如，大西北地区，太阳辐射强、时间长，太阳能资源丰富，可以促进微藻进行光合作用；青海拥有约 10 万平方千米的未开发利用荒漠土地，可开发光伏发电量达 5.6 亿千瓦；云南水电资源丰富，2019 年水能利用率超过 99%，创世界最高纪录；四川地热资源丰富，分布广、类型多、储量大，可利用总量可折合标准煤 3340 亿吨，通过积极开发利用，一定程度上能缓解能源压力；内蒙古有丰富的清洁资源，2050 年，风电光伏等可再生能源的建设总量有望达到 45 亿—60 亿千瓦。预计到 2025 年，我国非化石能源在一次能源中占比将达到 20%，电力在终端能源中占比超过 30%，非化石电力装机占比达 50%，发电量超过 40%，这些国土资源优势为实现"双碳"目标提供了坚实的资源基础。

第 四 节

▼

具有良好的市场和政策环境

2021 年 4 月 22 日，习近平主席以"共同构建人与自然生命共同体"为主题在领导人气候峰会上发表了重要讲话，指出中国已决定接受《〈蒙特利尔议定书〉基加利修正案》，加强非二氧化碳温室气体管控，还将启动全国碳市场上线交易。[①] 作为负责任的大国，中国在实现"双碳"目标上作出了巨大努力，积极调整碳产业结构，提高能源资源利用率，市场建设不断加强，法律法规政策不断完善，为落实 2030 年国家自主贡献奠定坚实基础。

一、十年试点为碳市场打牢基础

我国对于生态保护的措施一般依赖于用行政手段解决问题，尽管短期内对于节能减排、防止污染有比较显著的效果，但存在持久性不强、成本过高的短板，对经济建设造成了一定的影响，一定程度上限制了社会发展进步。

和欧盟"碳达峰"15 年后建立碳交易市场相比，中国还没有实现"碳达峰"，这对于在我国建立碳市场仍是个复杂而又具有挑战性

---

① 参见《习近平同法国德国领导人举行视频峰会》，《人民日报》2021 年 4 月 17 日。

的系统工程。然而，近年来，欧盟市场和中国碳交易试点区域运行数据表明，具有良好的市场基础是降低节能减排成本，促进经济建设和社会发展的有效政策工具。目前，"自上而下"和"自下而上"是我国碳市场建设的两种主要方式。"自上而下"指的是作好中国碳排放权交易市场规则的顶层设计，完善法规政策，通过国家统一领导，各级政府贯彻实施，推动碳市场建设工作的开展，这意味着"免费随便排"将成为历史。"自下而上"指的是以国家确定的碳排放权交易试点区域管控的企业运行情况为依据，为整个中国碳交易市场建设提供参考。

1997 年的《京都议定书》明确二氧化碳排放权成为商品，碳交易成为全球推动减排的市场化手段。之后，中国碳市场正式加入国际碳市场行列。2011 年 10 月，国家发展改革委办公厅印发《关于开展碳排放权交易试点工作的通知》，通知明确了七个碳排放权交易试点区域，分别为京、津、沪、渝四大直辖市和广东省、湖北省、深圳市等七省市。随后，福建省也加入其中，试点地区的配额总量约 12 亿吨，发电行业成为首个纳入全国碳市场的行业，纳入重点排放单位 2000 余家。从 2013 年到 2021 年 6 月，8 个试点地区拥有 2837 家控排单位，约 1000 家非履约机构，1 万多名自然人参与碳交易，累计成交 4.8 亿吨，交易额 114 亿元，平均价格为 23.75 元 / 吨。

经过近六年的试点运行，2017 年国家开始建设全国统一碳排放权交易市场。深圳市作为全国首个碳排放权交易市场，其管控范围扩大到近 900 家控排企业。数据显示，深圳市碳排放权交易体系覆盖了城市碳排放总量的 40%，煤电碳排放强度较国内领先地位的同类型机组下降了 2.5%，气电下降了 8.9%，电力部门的整体碳排放强度下降了约 10%；同期，碳排放交易体系管控的制造业企业平均碳强度下降了 34.8%，配额累计成交量 1807 万吨，累计成交额近 6 亿元，成为 2019 年交易最活跃、管控企业最多、运行最顺畅、减排效果最好的试点区域之一。

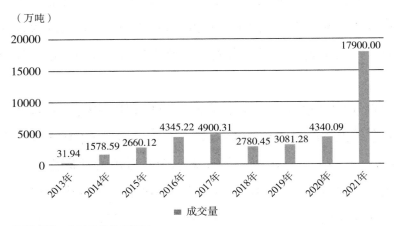

2013—2021 年中国碳排放权交易成交量走势

数据来源：中国碳排放交易网

2017 年 12 月，国家决定全国碳交易注册登记系统落户湖北省。在八个试点地区中，湖北省既不是经济最发达的，也不是碳排放量最高的，却争取到了"中碳登"。经过六年的建设运行，湖北省管控近 400 家控排企业，涉及电力、钢铁、水泥、化工等 16 个行业，其中 90% 的企业建立了碳排放相关部门，占第二产业产值的 70%，单位 GDP 碳排放大幅下降的同时保持了经济稳步增长，采用绿色扶贫的方式对贫困地区进行治理。截至 2021 年 6 月底，湖北碳市场配额累计交易总量达到 3.57 亿吨，交易总额达到 83.75 亿元，其交易规模、引进社会资金量、企业参与度等指标居全国榜首。

2021 年初，生态环境部发布最新消息：全国碳市场建设已经到了最关键阶段，之后，于 2021 年 7 月 16 日正式启动交易，成为全球覆盖碳排放规模最大的碳市场。"十四五"期间，八大高耗能行业余下的钢铁、有色、石化、化工、建材、造纸、电力和航空等或将全部被纳入全国碳交易市场。未来几年内，全国碳市场会逐步改善其缺陷，配额的总量有望扩容至 80 亿—90 亿吨／年，纳入的企业未来将达到 7000—8000 家，按照当前的定价水平，碳市场总的资产规模可能会达到 4000 亿—5000 亿元。

二、法规政策为碳市场保驾护航

习近平总书记强调："中国走向世界，以负责任大国参与国际事务，必须善于运用法治。"[①] 实现"双碳"目标，既需要经济调节、技术改进，还需要以良好的政策环境为基础，促进经济社会和能源系统的变革转型。碳交易市场不像实物交易市场上出售的商品那样显而易见，而是以节能减排、降低温室气体排放成本为目标，以法律为基础和约束建立起的政策性市场。

党的十八大以来，我国为加快生态文明建设，实现"双碳"目标，推进全国碳排放交易市场建设，相继出台了诸如《关于加快推进生态文明建设的意见》《生态文明体制改革总体方案》等 40 多项关于生态文明建设的改革方案，陆续发布了 24 个行业企业温室气体排放核算方法与报告指南和 13 项碳排放核算国家标准。2017 年 12 月 18 日，国家发展改革委印发《全国碳排放权交易市场建设方案（发电行

---

① 习近平：《加强党对全面依法治国的领导》，《求是》2019 年第 4 期。

碳排放交易示意图

</br>

业）》，标志着中国碳排放交易体系的总体设计基本完成。2020 年 10月 20 日，《关于促进应对气候变化投融资的指导意见》出台；2020 年12 月 25 日，《碳排放权交易管理办法（试行）》由生态环境部部务会议审议通过；2021 年 1 月 11 日，生态环境部出台《关于统筹和加强应对气候变化与生态环境保护相关工作的指导意见》；2021 年 1 月 29日，科技部发布《国家高新区绿色发展专项行动实施方案》；2021 年2 月 8 日，中国人民银行发布《2020 年第四季度中国货币政策执行报告》，提出加大对绿色发展的金融支持；2021 年 3 月 28 日，生态环境部办公厅印发《关于加强企业温室气体排放报告管理相关工作的通知》；2021 年 5 月 14 日，生态环境部发布《碳排放权登记管理规则（试行）》、《碳排放权交易管理规则（试行）》和《碳排放权结算管理规则（试行）》；2021 年 7 月 12 日，教育部印发《高等学校碳中和科

技创新行动计划》。为响应国家号召，各省市陆续出台了相关政策，以推动"双碳"目标的实现。2020 年 6 月 10 日，天津市发布《天津市碳排放权交易管理暂行办法》；2021 年 5 月 13 日，江苏省印发关于《2021 年推动碳达峰、碳中和工作计划》的通知，计划推动构建"1+1+6+9+13+3"碳达峰行动体系，严格管控新上高能耗、高污染项目，确保 2021 年全省碳排放强度下降 4.2%；2021 年 5 月 24 日，广州市印发《广州市黄埔区广州开发区广州高新区促进绿色低碳发展办法》；2021 年 7 月 21 日，重庆市生态环境局印发《重庆市碳排放权交易管理办法（征求意见稿）》，公开征求意见；2021 年 7—8 月，深圳市发布《深圳市工业和信息化局支持绿色发展促进工业"碳达峰"扶持计划操作规程的通知》《支持绿色发展促进工业"碳达峰"扶持计划申请指南的通知》；2021 年 9 月 14 日，福建省出台《福建省加快建立健全绿色低碳循环发展经济体系实施方案》。

在完善相关法制方面，我们仍然任重而道远。由于我国距碳达峰的时间不到十年，因此，不宜采纳过渡性立法，应以绿色低碳发展理念为依据，完善碳定价市场法制，积极修改生态、环境、能源领域的相关法律，以保证国家路线方针政策的有序施行。

科技创新奠定技术基础

我国是世界上最大的发展中国家，我国经济已进入高质量发展阶段，工业化、城镇化建设持续推进。在这样的背景下，要实现"双碳"目标，绝不是一帆风顺就能达到的，需要经历一场深刻的经济社会系统性变革，需要科技创新奠定技术基础。

一、"双碳"目标倒逼技术创新

以技术创新为基础促进"双碳"目标的实现，是世界上大多数国家的共识。欧盟在《欧洲绿色新政》中提出了七个重点领域的关键政策、核心技术及相应的详细计划，其中包括零碳炼铁技术等[①]；美国将液体燃料、低碳交通、可再生能源发电、储能等列为重点发展创新方向；日本明确了海上风力发电、电动车、氢能源等 14 个重点领域深度减排的详细技术路线图、技术发展目标和主要措施等。目前，我国实现"双碳"目标已经具备良好的经济基础，各省区市也在为实现这一目标出台相关政策，积极推进技术创新。2021 年 3 月，江苏省

---

① 参见李禾：《实现"双碳"目标　绿色技术在行动》，《科技日报》2021 年 3 月 23 日。

发行省内首单"碳中和"债券，将募集的资金主要用于产业板块绿色建筑项目建设运营；4月，江苏银行正式发布国内银行业首个"碳中和"行动方案，计划在"十四五"期间，以金融支持的方式推动实现碳减排超过1000万吨。南京市政府联合东南大学等有关方面共同组建了全球首家以"碳中和"命名的"长三角碳中和战略发展研究院"，重点围绕"碳中和"领域的政策、技术、产品等开展研究，旨在为地方政府提供关于碳达峰、碳中和的政策咨询，为企业提供绿色转型的解决方案。

二、我国积极布局和大力发展可再生能源产业

节能减排是实现"双碳"目标的关键要素之一。每一次新的工业革命，都离不开能源创新。纵观每一次工业革命，其实质都是能源革命，是能源革命推动了工业革命。在被称为"蒸汽时代"的第一次工业革命中，珍妮纺织机、蒸汽机的发明和使用实现了煤炭大规模开发和利用，升级了传统的纺织业，推动了机械制造产业的进步，实现了生产方式的机械化。被称为"电气时代"的第二次工业革命的标志是电力的广泛应用。电力的广泛应用、内燃机和新交通工具的创制、新通信手段的发明和化学工业的建立，实现了电能和机械能之间的转化，对人类社会的经济、政治、文化、军事、科技和生产力产生了深远的影响。在此过程中，英国率先形成了现代工业体系，成为世界霸主；美国率先应用电力，为其主导全球科学发明领域奠定了坚实基础。

然而，前两次工业革命是在传统工业、传统能源利用方式的基础上，通过技术创新推动能源开发利用实现的。以可再生能源替代不可再生的化石能源，成为第三次工业革命的动力。如今，我国使用最多

的是煤炭、石油、天然气这几种不可再生资源或部分可再生能源与核能等能源品种。我国在实现碳减排、发展化石能源清洁高效利用技术方面，已经具备一定的基础，并在科技攻关方面取得了一定成绩。尽管我国能源消费增长和碳减排速度缓慢，但能源消费仍在增长。当前，我国能源结构仍以化石能源为主，仅通过此结构实现"双碳"目标是不可能做到的。化学工程中采用"多步法"和"一步法"方式，如通过太阳能热利用、电厂余热及二氧化碳的直接利用生产油气的等离激元技术，是我国实现"双碳"目标的有益探索。

我国可再生能源装机规模持续扩大

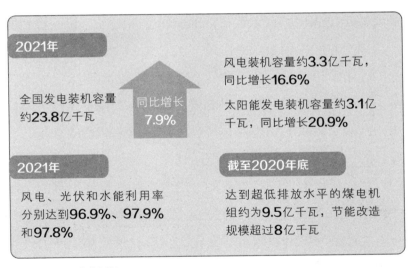

数据来源：国家能源局

数据显示，"十三五"期间我国水电、风电、光伏、在建核电装机规模等各项指标均保持世界第一。截至 2020 年底，我国清洁能源发电装机规模增至 10.83 亿千瓦，占总装机比重接近 50%。从总体上看，我国在技术创新方面的推广和运用，促进了我国机械设备的更新换代，推动了技术革新。但是，如太阳能、风能、潮汐能等可再生资源，能量密度低、时空分布不均衡、发电不稳定等缺陷，成为基础创新的瓶颈。

三、绿色低碳技术发展迅速并覆盖多个行业领域

"CCUS 技术"的全称为"碳捕集利用与封存技术"，是目前公认的最具潜力的前沿减排技术之一，为实现"双碳"目标奠定了坚实技术基础。[①] 目前，我国 CCUS 技术、膜法碳捕集技术和等离激元人工光合技术等绿色低碳前沿技术发展迅速，并取得了显著进展。自2006 年以来，国家发展改革委、科技部等 16 个部门先后参与制定并发布 20 多项国家政策和发展规划，为 CCUS 技术的研发、示范、应用指明了方向。联合国政府间气候变化专门委员会第五次评估报告指出：如果没有 CCUS，绝大多数气候模式都不能实现减排目标。也就是说，如果没有 CCUS 技术，减排成本将会成倍增加，预计增幅平均高达 138%。

CCUS 技术的优势体现在工业部门。在我国，工业部门碳减排难度大，如钢铁行业碳排放量约占我国碳排放总量的 15%。世界钢铁行业在引入了副产物利用和循环、精准控制等创新技术后，仍剩 15%—20% 的减排空间。要实现全部减排，就需要嵌入 CCUS 技术，通过吸附法碳捕集、炉顶煤气循环等，把二氧化碳合成为甲醇、乙醇等产

---

① 参见李禾：《实现"双碳"目标　绿色技术在行动》，《科技日报》2021 年 3 月23 日。

品。《中国二氧化碳捕集、利用与封存（CCUS）报告（2019）》显示，我国 CCUS 技术种类齐全，发展迅速，囊括了深部咸水层封存、二氧化碳驱提高石油采收率、二氧化碳驱替煤层气等，说明我国 CCUS 技术的研发与应用已经具备了良好的经验和基础，但是与《中国碳捕集、利用与封存技术发展路线图（2019 版）》中提出的 2050 年目标，即 "CCUS 技术实现广泛部署，多个 CCUS 产业集群建成，实现二氧化碳利用封存量超过 9.7 亿吨／年，产值超过 5700 亿元／年"，还有一定的差距。尽管二氧化碳强化采油等多项技术已达到商业化运行水平，但还需持续加大其他二氧化碳创新技术的研发力度，进一步节能减排。

膜法碳捕集技术应用潜力大。膜法碳捕集技术耗能低、占地面积小、利于环境优化，在能源和环境领域应用潜力巨大，可实现高效碳捕集与减排，为碳达峰、碳中和提供支撑。截至 2021 年 3 月，国内首套膜法烟道气碳捕集中试装置已稳定运行超过一年，烟道气二氧化碳捕集率可达 70% 以上，膜性能处于国际领先水平。

等离激元技术可实现碳循环利用。等离激元人工光合技术最大的特点是 "变废为宝"，能复刻整个光合作用，既能解决能源安全问题，又能解决环境安全问题，还能实现绿色高质量发展，其效果不仅超过了自然界中的光合作用，而且可以使二氧化碳转化为可规模化生产的高附加值产品，具有明显的经济性。该技术通过纳米催化剂的等离激元效应，利用阳光或废热，将工业废气中的二氧化碳、非饮用水合成为烃类轻质油、烯烃、天然气等，不会排放硫、重金属等污染物，无须额外耗电，综合碳足迹为零。[①]2020 年底，在黑龙江省七台河市建成了一座等离激元技术中试基地，进行了等离激元碳中和技术的工业化，并利用大唐电厂的废气余热开始试运行，实现了年产合成天然气和合成汽油 6 吨。

"十四五"期间，相对成熟的技术在钢铁、建材、有色、炼油石化、煤化工等行业以及能源、建筑、交通等领域，开始进行推广应用，如部分行业的零碳排放生产技术、储能技术、氢能等替代能源技术，关键工艺流程的低碳化改造、企业和园区的循环经济改造、系统节能改造、低碳和零碳建筑、新能源汽车等。然而，要保持我国碳排放技术领先，仍离不开政策、资金支持，需要完善相关法律法规，出台财税优惠政策，提供绿色金融服务等多方支持。

---

① 参见李禾:《实现"双碳"目标　绿色技术在行动》,《科技日报》2021 年 3 月 23 日。

2030 TAN DA FENG · 2060 TAN ZHONG HE

3 实现"双碳"目标的中国机遇与挑战

实现碳达峰、碳中和是一场伟大的"绿色革命"。"双碳"目标对中国目前以高碳的化石能源为主的能源结构提出了新要求，带来了新机遇，现有的能源生产和消费结构都将迎来重大调整。同时，这是一场广泛而深刻的经济社会系统性变革。当前，我国的能源结构还不合理。在工业化、新型城镇化深入推进，经济发展和民生改善任务还很重的情况下，作为世界上最大的发展中国家，我国的能源消费仍将保持刚性增长。与发达国家相比，我国从碳达峰到碳中和的时间窗口偏紧。

顺应科技革命和产业变革大趋势

2021 年 10 月 12 日，习近平主席在《生物多样性公约》第十五次缔约方大会领导人峰会上的主旨讲话中指出："'万物各得其和以生，各得其养以成。'生物多样性使地球充满生机，也是人类生存和发展的基础。保护生物多样性有助于维护地球家园，促进人类可持续发展。"[①] 地球是我们人类赖以生存的唯一家园，珍惜地球是人类的共同责任和义务。

一、"双碳"目标顺应产业革命的方向

习近平总书记指出："进入 21 世纪以来，全球科技创新进入空前密集活跃的时期，新一轮科技革命和产业变革正在重构全球创新版图、重塑全球经济结构。"[②] 碳达峰、碳中和带来的是一场影响深远的绿色工业革命。它们的影响可以简单概括为：从过去经济社会的不可持续的黑色发展转向了新时代的可持续的绿色发展。这是一场全新的

---

① 习近平：《共同构建地球生命共同体——在〈生物多样性公约〉第十五次缔约方大会领导人峰会上的主旨讲话》，《人民日报》2021 年 10 月 13 日。
② 习近平：《努力成为世界主要科学中心和创新高地》，《求是》2021 年第 6 期。

绿色科技浪潮，重点领域是去除"黑色""褐色"能源，全面实施"绿化"能源；经济产出与化石能源使用"脱钩"；促进非化石能源、可再生能源、绿色能源大幅上升并最终占主导地位。随着"双碳"目标的实施，新一轮产业变革的到来，传统工业的发展方式将出现颠覆性、革命性转变，带来许多领域和行业的技术创新和进步，特别是在新投资、新产业、新交通、新建筑、新能源等方面，会出现新的发展方式，使经济发展彻底转向零碳能源，稳步走向碳中和的目标。

"双碳"目标顺应产业革命发展，是发展战略性绿色产业的客观要求。技术和产业的发展有其内在规律，也与社会不断进步息息相关。产业革命有着历史继承性，每个时期都有基于特定技术的支柱产业，这些支柱产业都源于前一时代的新兴产业。产业革命有着自身的创新性，以在现有技术路线之外发现的替代性技术来实现赶超，是技术和产业革命的重要特征，这种替代技术通常便成为战略性新兴技术。现在是实现碳达峰、碳中和时期，绿色能源培育和利用是支柱产业，它是对高碳低能支柱产业的否定，是 21 世纪产业革命的显著特征。社会越发展，产业革命的迭代速度越快。自工业革命以来，产业迭代速度愈来愈快，第一次技术革命持续了近 100 年；第二次技术革命持续了约 70 年；20 世纪下半叶以来的信息技术和产业革命持续了还不到 50 年，绿色新能源新技术就快速成长起来了，并在最近形成了新一轮科技革命和产业变革大潮。任何一个经济体如果不能及时跟上世界产业代谢的步伐，就很可能迅速失去更新能力，导致产业长期衰落。总之，碳达峰、碳中和带来了绿色产业发展新模式，为新兴产业的加速迭代提供了肥沃土壤，这就要求在发展绿色支柱产业的基础上，超前谋划面向未来的新兴产业。

二、实现"双碳"目标面临千载难逢的机遇

我国是世界上最大的发展中国家，完成碳达峰、碳中和的远景目标，意味着中国将完成全球最高的碳排放降幅。完成这一目标，我国处于不可多得的重要战略机遇期。

实现碳达峰、碳中和面临千载难逢的机遇

国内众多有利条件奠定实现目标的坚实基础

国际应对气候变化的环境更加有利于我国实现目标

第一，国内众多有利条件奠定实现目标的坚实基础。首先，中国共产党的坚强领导是实现这个目标的决定性因素。中国共产党是我们事业的领导核心，我们在中国共产党的领导下取得了一个又一个伟大胜利。在全球气候治理上，也必须坚持中国共产党的领导，紧密团结在以习近平同志为核心的党中央周围，积极应对全球气候变化，加强综合治理，维护全球气候安全。党的十九届五中全会把实现碳达峰、碳中和明确作为我国建设生态文明的目标。尽管实现碳达峰、碳中和的任务非常艰巨，但相信有中国共产党的坚强领导，我们的目标一定能够实现。其次，秉持全心全意为人民服务的宗旨，是我们实现目标的最大动力。中国共产党自成立以来，一直把全心全意为人民服务作为自己的价值追求。应对气候变化、建设绿色生态环境，与人民生活息息相关，是人民所想、所盼、所忧的重要问题。人民的这种期盼，

就是我们实现目标的动力源泉。最后，优越的社会主义制度是实现目标的根本保障。习近平总书记指出："中国特色社会主义制度所具有的显著优势，是抵御风险挑战、提高国家治理效能的根本保证。"[①] 我们只要坚持好中国特色社会主义制度，就一定能够战胜自然灾害带来的各种挑战。

第二，国际应对气候变化的环境更加有利于我国实现目标。气候变化对人类社会构成了严重威胁，积极应对这个威胁，不但是中国的事情，也是世界各国需要面对的共同课题。就如何应对威胁人类生存发展的这一重大挑战，世界各国基本形成了共识：采取各种措施和对策，降低碳排量，实施绿色能源革命。根据联合国气候变化框架公约秘书处统计，全世界已有60多个国家承诺到2050年实现零碳排放，欧盟承诺到2050年实现碳中和，日本、加拿大等其他发达国家也都承诺2050年实现碳中和。加快实现碳中和，不仅有利于中国，更有利于全世界。早日实现全球的碳中和，不是哪几个国家的事，只有国际间相互合作、共同发力才能做到。发达国家在零碳排放方面的政治承诺，为我国与外国的国际合作奠定了较好的政治基础，彼此间可以取长补短，大大缩短我国实现碳中和的时间，同时为我国引进国外的新技术和成熟的做法，提供了前提条件。

三、碳达峰、碳中和引起绿色能源革命

实施绿色能源革命是21世纪动能的主要趋势。碳达峰、碳中和顺应了科技革命，将深远地影响世界范围内的产业革命。碳达峰及经

---

① 习近平：《在全国抗击新冠肺炎疫情表彰大会上的讲话》，《人民日报》2020年9月9日。

济发展与碳排放实现彻底脱钩，有学者认为是"从黑色工业革命转向绿色工业革命，从不可持续的黑色发展到可持续的绿色发展"[①]。

工业革命发生后，黑色能源一直是人类社会发展的强大动力，曾经给人类发展带来巨大动力。但是，日益增长的能源需求给地球资源和环境带来越来越大的威胁，成了气候变化的主因，严重威胁全球生态环境。传统的以化石能源为支柱的能源体系阻碍着社会的进步与发展。必须改变这种经济发展模式，适应绿色能源革命的要求，进行能源体系的革命性变革，这是全球已经形成的共识。

近年来，在世界范围内，我们时时处处都能明显感受到能源革命加速的信息。据统计，2006—2015 年的 10 年间，世界可再生能源年均增长 5.7%，大大超过化石能源 1.5% 的增速。增幅之大、增长之快是超乎预计的。从发电量来看，2015 年全球发电量的 23% 是利用再生能源发电实现的，新增可再生能源发电装机已超过常规能源新增装机容量。2015 年全球可再生能源投资达 3289 亿美元，远高于化石能源 1300 亿美元的投资额。预计未来 15 年，全球风电装机将增加 3 倍，太阳能发电装机将增加 5 倍。可再生能源越来越成为新增能源供应的主力，呈现加速发展的趋势。[②]《巴黎协定》签署 5 年后，化石能源仍主导着能源格局，但可再生能源的增长势头最为强劲，就连新冠肺炎疫情也没有削弱这种增长。专注于可持续发展和国际关系的 IDDRI 智库的尼古拉斯·伯格曼斯表示，化石燃料仍占主导地位，但形势明显有利于可再生电力。国际可再生能源署的数据显示，近年来，太阳能电池板的装机发电量出现了惊人的增长，从 2015 年的

---

① 胡鞍钢：《中国实现 2030 年前碳达峰目标及主要途径》，《北京工业大学学报（社会科学版）》2021 年第 3 期。

② 参见何建坤：《实施能源革命战略 促进绿色低碳发展》，国家发展改革委网站 2017 年 5 月 12 日。

217 吉瓦攀升至 2020 年的 578 吉瓦。国际可再生能源署预测，2025年可再生能源将超过煤炭，成为电的最大来源。尼古拉斯·伯格曼斯表示，在新冠肺炎疫情防控期间，我们并没有看到可再生电力的发展有多少减弱，这可能是由于成本下降，使其具有竞争力，但也因为公众的支持得到了维持。

2020 年全球新能源市场发电装机容量

新能源发电	累计装机容量（GW）	新增装机容量（GW）
光伏	760	139
水能	1170	20
风能	743	93
生物质能	145	8
地热能	14.1	0.1
海洋能	0.5	0
总计	2832.6	260.1

数据来源：《全球可再生能源现状报告 2021》

2020 年全球新能源市场累计发电装机容量结构分布

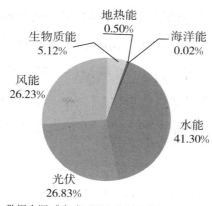

数据来源：《全球可再生能源现状报告 2021》

绿色能源革命是一场影响深远、意义重大的革命性变革，目的是建立以新能源和可再生能源为主体的高效、清洁、低碳的新能源体系，取代当前以化石能源为主体的高排放和高碳能源体系，从而实现经济社会与资源环境的协调和可持续发展。① 碳达峰、碳中和是发展绿色能源、促进社会生产的晴雨表。发展绿色能源的强度越大，碳达峰达标的时间就越早，对碳中和的目标实现就越有利。碳达峰与碳中和紧密相连，碳达峰是碳中和的基础和前提，达峰时间的早晚和峰值的高低直接影响碳中和实现的时长和实现的难度。要实现碳达峰、尽快实现碳中和，必须在绿色能源革命中尽快降低峰值，这一举措必将给碳中和目标带来巨大的机遇，也将给绿色能源革命带来严峻挑战。如果我们按照党中央的统一部署，在现有的基础上更加积极主动实施绿色能源创新与革命，碳中和实现的时间就会提前一些，所以实现碳中和的远景，带给社会的不仅是经济社会体系的整体转型，也包括绿色能源科技革命兴起的大潮。

四、绿色能源推动科技创新发展

绿色能源成为新兴战略性产业，成为推动经济增长的新动能科技革命兴起的重大标志，碳达峰、碳中和顺应科技革命趋势。网络化、数字化、绿色能源、智能化融合发展使经济发展与碳排放脱钩，可以更有针对性地提高使用绿色能源比例。在二氧化碳零排放的背景下，经济体系的运行主要靠新动能驱动。新动能是社会经济发展的命脉和

---

① 参见何建坤：《实施能源革命战略 促进绿色低碳发展》，国家发展改革委网站 2017 年 5 月 12 日。

火车头。面对全球气候变化危机的严峻现实，我们只有顺应"双碳"目标，积极推动科技革命、科技创新来发展好绿色新能源。我国碳达峰、碳中和的宏伟目标已经提出并正在实践，一场新的能源技术革命也正在兴起。

我国具有得天独厚的节能减排的有利条件。有丰富的自然资源，是我国的重要优势。据估算，到 2050 年，水力发电是我国可再生能源发电的主要方向。比如，青海省海南藏族自治州和海西蒙古族藏族自治州集中开工建设的国家大型风电光伏基地项目等。这批新能源项目总装机容量达 1090 万千瓦，项目建设响应国家大力发展可再生能源，在沙漠、戈壁、荒漠地区加快规划建设大型风电光伏基地的号召，对加快打造国家清洁能源产业高地具有重大意义。此次开工建设的大型风电光伏基地项目包括 8 个就地消纳项目和 7 个青豫直流工程二期外送项目。按能源类别区分，光伏 800 万千瓦，风电 250 万千瓦，光热 40 万千瓦。这批项目总投资逾 650 亿元，将在 2023 年底前陆续建成。光照强、风力大的沙漠、戈壁、荒漠地区是我国风能、太阳能资源富集地区。青海新能源发展优势显著，可用于光伏发电和风电场建设的荒漠化土地为 10 万平方千米以上，光伏资源理论可开发量达到 35 亿千瓦，风能技术可开发量达到 7555 万千瓦。[①] 大型风电光伏基地项目是国家关于新能源开发的又一重大规划，结合特高压外送通道，将实现跨区域能源互联，对于推动能源生产和消费革命具有重大意义。同时，积极发展海上风电技术的研发和示范，突破风电并网技术术和规划问题，加强风电关键技术大型实验平台、检测平台和示范项

---

① 参见咸文静：《以"绿色"身姿站上发展前沿》，《青海日报》2021 年 6 月 30 日。

目建设，解决风能资源详查和评估问题；加快太阳能发电的技术创新，太阳能光伏发电和热发电充分发挥潜能都还需要成本和技术的重大突破，因为太阳能热发电具有以热储存或化石燃料备用加热器来内部补足不稳定燃烧室的独特能力；推动核电技术创新，提高大型核电机组建设的国产化率和自主化率，提高核电产业的整体能力。

推动科技创新要进行系统设计。不断优化核能技术路线，强化核能在优化能源结构、二氧化碳减排方面的重要作用。推动碳的捕集与封存（CCS）技术创新。只要温室气体排放继续受到关注，CCS技术就是我国必须重视的技术之一。CCS技术是减少二氧化碳排放的关键技术，需要我们现在就开始关注和研究。推动氢能和燃料电池技术创新。氢能和燃料电池技术未来在我国有巨大的发展空间，可担当电力系统主力军的使命，要进行氢能体系的发展、能源体系的安全、环境改善及效率提高等方面的技术革新。推动先进电力系统技术创新，重点研究超高压与特高压输电技术、灵活交流输电技术、新型电力电子器件、电力系统实时检测和数据传输技术、电力系统全数字实时仿真系统等。提高电力系统的输电容量和效率，增强电力系统的安全性是我国电力系统科技发展的主要任务。

催生全新行业和商业模式

碳达峰、碳中和对社会生活的冲击是深层次、多方面的，从气候变化到应对策略，从能源、建筑、交通等行业到个人消费者，都是碳达峰、碳中和涉及的领域，势必会带来社会经济的巨大变化和新行业新商业模式的出现。

一、绿色能源目标孕育全新行业领域

实现绿色能源的转型，给社会带来的影响涉及面广泛，从供给方到消费方，进行系统性转变才能实现能源低碳化。随之而来的，是这一转变过程中有大量创新需求，必将在碳达峰、碳中和中催生全新行业出现，这对于很多行业来说都是一个新机遇。

"创新是引领发展的第一动力。"技术上要创新，行业上也要创新，才能适应系统性转变的要求。毫无疑问，碳达峰、碳中和正在催生新的行业，造就新的工作岗位。数字技术在减少对传统机器操作工、物流运输、设备维护等职业需求的同时，催生了数据分析工程师、机器人协调员和现场服务工程师等。[①] 行业创新催生的新的市场主体，使

---

① 参见徐惠喜:《第四次工业革命催生创新型社会》,《经济日报》2018 年 9 月 18 日。

原有的行业和就业岗位要作出根本性的调整，淘汰不适应低碳发展的旧行业，改善基本适应低碳发展的行业，创新适应低碳绿色发展的新行业。据估计，碳的零排放（零碳）达到之后中国将催生七大投资领域，撬动70万亿绿色产业投资机会。伴随着诸如再生资源利用、能效提升、终端消费电气化、零碳发电技术、储能、氢能和数字化等领域的出现，生产、运输、销售、消费等领域都将出现一批崭新的行业。据估计，今后的30年里，上述几个领域的市场将为中国实现零碳作出巨大贡献。此外，中国实施绿色能源革命战略以后，会直接增加大量的新就业机会，这些新就业的岗位大都集中在零碳发电技术、再生资源利用、氢能等新兴行业。国家有关部门估计，未来30年，中国要完成碳中和目标，围绕着新能源建设的进行，会逐步加大投资规模100万亿元以上，这将给相关行业带来长足的发展机会。

零碳后中国将催生的七大投资领域

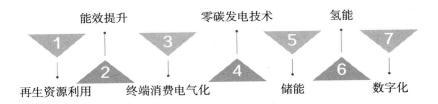

从节能产业领域发展的行业来看：一是发展先进环保技术和装备，包括污水、垃圾处理，脱硫脱硝，高浓度有机废水治理，土壤修复，监测设备等，重点攻克膜生物反应器、反硝化除磷、湖泊蓝藻治理和污泥无害化处理技术装备等；二是发展环保产品行业，包括环保材料、环保药剂，重点研发和产业化示范膜材料、高性能防渗材料、脱硝催化剂、固废处理固化剂和稳定剂、持久性有机污染物替代产品等；三

是发展环保服务行业，建立以资金融通和投入、工程设计和建设、设施运营和维护、技术咨询和人才培训等为主要内容的环保产业服务体系，加大污染治理设施特许经营实施力度。由于碳达峰、碳中和带来的影响是多方面的，催生了许多新产业、新领域，涉及各行各业，其中传统商业模式的调整、核心技术的突破、经营业绩的兑现，都要经受考验，且随时面临因技术落后被淘汰、竞争、政策等诸多不确定性与风险。如钢铁行业，本身就是制造业碳排放大户，约占全国碳排放总量的 15%，因此可以预见未来其必然成为实现碳中和目标的重点管控行业。

二、绿色能源目标催生全新的商业模式

碳中和与商业模式有着极大的关系。碳达峰、碳中和不仅催生全新的行业，还为环保产业发展带来对商业模式的新思考。现在的商业模式，大都是在传统工业时代形成的。传统商业模式的弊端在于：由于成本高和生产运输环节上的不足，导致交易成本增加、价格高，产品没有竞争力，影响企业发展；在生产制造方面，经过"产品制造—中间商—零售商"这一过程，商品不是直接到达消费者手中，而是经过中间商，在这一生产、消费过程中，制造商和消费者无法直接交流沟通，导致无法改进生产工艺，产品会滞后于需求；在销售方面，过去的消费方式费时费精力，销售商为了把大量商品卖出去，必须招聘大批人员来售卖商品，这无疑会使销售成本增加。可见，传统商业模式不适应现在绿色发展时代的要求，不适应绿色产品的运行规律。

在绿色发展时代，经济生产的内容和组织方式都会发生很大变化，特别是在商业模式方面。在传统工业时代，企业主要采用流水线

大规模生产同质化的产品，商业模式也相对简单，工厂出什么产品中间商就卖什么产品。但是，现在的交易方式不一样了，因为很多有价值的东西并不是直接交易的物质产品。比如，从 2021 年上海车展可以看出，人们对传统汽车概念的认知完全被颠覆了。车展上的电动车，明显地出现了"两个替代"——电机替代内燃机，自动驾驶替代司机。这种新型电动车，不是在汽车里装电脑软件，而是在电脑上加汽车外壳。这样一来，赚的不只是卖汽车的钱，还包括与汽车相关的各种衍生服务的费用。

这反过来又会进一步引起生活方式和商业模式的改变。新的商业理念必然伴随着新的商业模式出现。现在，投资电动车的大都是中国最成功的互联网企业。为什么会出现这种情况？因为这些企业的思维方式、商业理念和商业模式，已脱离了传统工业时代的束缚。这些企业最能理解新绿色发展时代的商业机会，并用新的商业理念和商业模式去抓住机会。从智能电动车的例子可以看出，市场已经对新的商业模式发出了明确信号。在碳中和的过程中，一家企业能否达到第三阶段（该阶段企业要确保自己运营生产中使用的工具、材料、服务等，都是在碳中和的条件下生产出来的）的碳中和目标，与它的商业模式息息相关。商业模式不同，结果会不一样。目前世界大多数国家都提出要实现碳中和，所以企业必须适时调整自己的商业模式。

如果全世界要在 2050—2060 年实现碳中和，未来的商业格局和我们的生活方式可能会出现哪些变化呢？一是会出现一种新的"生意"，就是碳配额的交易。不同企业实现碳中和的难度相差巨大。比如，一个律师事务所，如果每年拿出一些钱去种树，它可能轻易就能实现第三个阶段的碳中和。但是，要让钢铁厂、汽车厂实现第三阶段的碳中和，几乎不可能。因此，它们可能需要向一些有剩余碳配额的单位购买。二是很多企业会改变商业模式。要达到同样的目的，不同方式产生的碳排放是不同的。过去我们做业务时，考虑的往往是销售、成本、盈利等内容，没有考虑碳排放成本。现在，要着重从碳排放方面考虑，否则企业会面临亏本的风险。一个企业的碳指标如果用完了，就会停工停产，要复工必须解决碳配额问题。怎么办？那就要花高价去买碳配额。如果是这种情况，企业经营可能就要换思路，改变商业运作模式是唯一的选择。

三、实现碳达峰、碳中和必须创建匹配的运作模式

必须借助适合转型的运作模式，才能顺利实现碳中和。比如，我们办公或居住的楼房，楼房和电网是跨领域的基建项目，在原有的运作模式中，它们是两个独立的实体。如果有关数据能实现共享，既可以把碳中和的目标有机结合起来，又可以大大节约成本。新的运作模式中建筑将不再单纯是能源消耗方，它变成了身兼二任的智能产消方，在能源产业链中发挥新的作用。市场化的行为才是可持续的，企业在数字碳中和的进程中需要找到合适的商业模式，心血来潮式的形象工程是不可取的。

经测算，2020 年中国快递业务量完成 830 亿件，同比增长 30.8%。快递行业在数字经济中发展壮大，快递行业的迅猛发展，也伴随着数字碳中和的脚步走向绿色、低碳方向。顺丰集团顺启和科技有限公司总经理揭炜琼曾预测：2021 年快递业务量可能会超过 1000 亿件。如果可循环包装能替代其中的 50%，那就是 500 亿个，500 亿个箱子的体量是非常大的。揭炜琼表示："合适的商业模式才能带来可持续的

绿色发展，诸如循环包装这样的减排行动也能唤起消费者的绿色消费意识。"① 但实现这个目标的前提就是企业一定是可持续发展的，从而能够做公益，用经济价值反哺公益，让全社会能够接受循环包装的成本。以顺丰集团为例，"顺丰有一个智慧包装服务平台，所有包装的数据都在智慧包装平台上，如果哪个业务区有包装需求，我们就可以从平台调取，然后根据不同应用场景的要求做改进，实时输出设计方案。快递小哥拿到包装后，扫码即可了解应该用什么包装什么样的东西，规范了包装的使用，可以减少资源浪费、提高周转效率"②。截至2020年底，顺丰投放了8个循环产品，共计实现9350万次循环。所以，随着"双碳"目标的逐步实现，创建与之匹配的商业模式是大势所趋。

---

① 《需要可持续的商业模式助力碳中和行稳致远》，红星新闻网2020年9月7日。
② 同上。

实现全面绿色转型的
基础薄弱

　　走绿色发展之路，实现绿色转型，关系民族未来发展大计，关系
人民福祉。全面绿色转型是系统性体系的转型。由于受到多方面条件
的影响，特别是发展的基础比较薄弱，我国的绿色转型遇到前所未有
的困难。

一、发展方式滞后不利于绿色转型

　　我国是世界上最大的发展中国家，也是最大的碳排放国家。多年
来，在经济发展上我国采用的是高投入、高消耗、高排放、高污染的
粗放型发展方式。粗放型的发展模式，优点是产出量大，见效快，属
于短平快型；缺点是低效益、高耗能。近年来，我们开始转变经济发
展方式，向绿色低碳型发展方式转变，取得了一定的效果。传统发展
模式显然不利于绿色发展。必须在新发展理念的指导下，以 2030 年
前碳达峰和 2060 年前碳中和目标为导向，根据自身能力和国内碳减
排进程，灵活调整、逐步提高国家自主贡献目标，从"相对强度减排"
逐步过渡到"碳排放总量达峰"，再到"碳排放总量绝对减排"，实现
"发展"与"减碳"双赢，推动经济社会发展全面绿色转型，并为全

球绿色低碳转型贡献中国智慧和中国方案。这是我国政府努力奋斗的战略目标。我们必须以积极紧迫的绿色能源革命目标为导向，推动经济发展方式的绿色低碳转型。推动能源生产和消费革命，是最重要的领域和关键着力点。2030年前二氧化碳排放达到峰值，将是我国经济发展方式转变的重要转折点，这意味着经济持续增长而化石能源消费不再增长甚至下降，也意味着国内生态环境的根本性改善。[①] 从减排总量来看，中国承诺的减排目标量最大，作为最大的发展中国家，遇到的困难和阻力也最大。中国实施的减排措施最具体，具有实际的可操作性。按照减排目标，我国在2060年前就要实现碳中和，现在距离兑现我国的承诺不到40年，而我国减排的总量却大大超过西方国家2050年的碳中和。

部分国家碳减排、碳中和承诺目标

	2030年	2040年	2050年	2060年
中国	60%—65%			碳中和
丹麦	70%		碳中和	
欧盟	55%		碳中和	
墨西哥	50%		碳中和	
英国	40%		碳中和	
韩国	37%		碳中和	
奥地利	36%		碳中和	
加拿大	30%		碳中和	
澳大利亚	26%—28%		碳中和	
日本	26%		碳中和	
印度	33%—35%			

① 参见何建坤：《实施能源革命战略　促进绿色低碳发展》，国家发展改革委网站2017年5月12日。

"双碳"目标是我国实现绿色发展方式的目标，主观愿望想早日实现，但是不能忘记我国的基本国情。我国仍处于并将长期处于社会主义初级阶段，仍然是世界上最大的发展中国家，基础薄弱，依赖高消耗高污染发展的企业颇多，工业发展方式滞后的问题十分突出。比如，在机械制造业方面，和西方发达国家比较，我国属于中低端水平，主要的问题是产值低耗能高。要很好解决这个问题，必须调整经济结构和降低能耗，实现转型，而这个调整恰恰是转型任务中最为艰巨的。

二、能源消耗结构不利于绿色转型

中国的能源结构是一个高碳结构，不利于绿色能源转型发展。改革开放以来，我国经济进入飞速发展的快车道，工业化、城镇化、现代化快速融合推进，基础设施建设对能源的需求急剧增加，居民的消费结构也在升级换代，使各行各业对能源需求呈现出不断增长的态势。"高碳排放"是制约我国经济可持续发展的最大障碍。

能源结构不合理。我国煤炭消费比例过高，普遍超过 50%，单位能源的二氧化碳排放强度远超世界平均水平，高出 30% 左右，能源结构优化任务艰巨。我国单位 GDP 能耗居高不下，是世界平均水平的 1.5 倍，是西方发达国家的 2—3 倍，绿色低碳经济体系建立的任务极为艰巨。[①] 特别是以煤炭为主的能源结构体系，要实现碳达峰、碳中和的难度更大。现在，西方发达国家的煤炭消费量一般稳定在 20% 左右，而我国煤炭消费量增长过快，一般达到 69.5% 左右。据有

---

① 参见王鑫:《中国争取 2060 年前实现碳中和》,《生态经济》2020 年第 12 期。

关部门计算，燃烧 1 吨煤炭可以产生二氧化碳 4.12 吨，比石油和天然气每吨多出 30% 和 70%。煤炭消费量过快过大，直接导致二氧化碳排放量更高。在很多地方可以看到冒着黑浓烟的大烟囱，闻到刺鼻难闻的气味，天空中弥漫着黄沙……"高碳"的影子非常明显。因此，在未来相当长的时期内，我国在通过降低二氧化碳排放、持续发展"零碳排放"能源等方式解决环境污染和应对气候变化方面将面临非常严峻的考验。

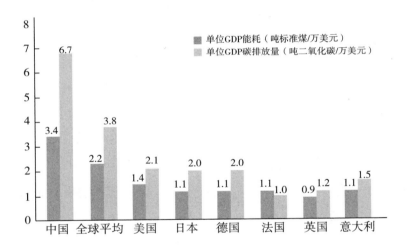

2020 年世界主要国家单位 GDP 能耗和二氧化碳排放量

据统计，在全国 31 个省区市中，只有少部分达到了单位 GDP 能耗下降 20% 的目标，绝大部分仍然远远超过国家规定的标准。我国由于地区的差异，降低碳排放实施起来挑战非常大。以 2019 年为例，当年的能源消耗比 2006 年提高了 69.7%，碳排放比 2006 年提高了 47.2%，两者仍在不断上升，上升的时间越长，峰值就越高，付出的代价就越大。所以，我国要采取积极应对措施，力争能源消费与碳排放"双达峰""双下降"成为最重要的发展目标。[①] 节约能源是绿色低碳转型的主要目标。节约能源就是提高能源利用的技术效率，加大产业经济的产出效益。节约能源是我国的基本国策，从"十一五"规划到"十三五"规划中，都制定了单位 GDP 能耗强度下降的约束性目标，"十四五"规划又进一步提出了加快低碳发展的具体措施。我国制定的《能源生产和消费革命战略（2016—2030）》详细具体地提出控制能源消费总量和要求，2020 年和 2030 年分别不超过 50 亿吨和 60 亿吨标准煤，实施"强度"和"总量"的双控机制，将进一步严格控制能源消费总量的增长，促进经济结构的调整和产业升级。[②]

三、绿色技术创新能力不足制约绿色转型

技术创新和研发能力不够，造成了产业发展模式的畸形，严重制约了中国经济由"高碳"向"低碳"的转变。不断推动经济社会转型和发展的"双碳"目标，是我国经济发展的中长期目标。它的重点是从依赖资源发展经济转向依赖技术发展经济的方式。比如，在我国第一、二、三产业之间，产值比重呈现出"1：5：4"的态势。可见，我国经济发展的主体——第二产业（能耗高的工业部门）在总产值中占 50%。在过去的工业化进程中，我们主要是采用粗放型的发展方式，大量利用煤电、煤化工、石油采探与炼化等。这种发展带来很多弊端，导致上游企业规模越扩大，资源越稀缺，资源稀缺则上游产品

---

① 参见胡鞍钢:《中国实现 2030 年前碳达峰目标及主要途径》,《北京工业大学学报（社会科学版）》2021 年第 3 期。

② 参见何建坤:《实施能源革命战略　促进绿色低碳发展》,国家发展改革委网站 2017 年 5 月 12 日。

价格上扬，上游产品价格上扬则下游产品成本提高。

　　大部分问题都可以通过创新来解决。因此，有效提高包括技术创新和体制机制创新在内的能力，才能应对由碳达峰、碳中和带来的科技创新的竞赛。煤炭是我国能源的基石，到 2050 年在我国的能源供应中仍占主导地位，并主要用于发电。采用先进技术，减少环境污染是我国煤电工业发展的重要和紧迫任务，因此必须重视发展和应用燃煤污染物排放控制技术。燃煤污染物排放技术的应用还有很大的市场空间。国外在燃煤污染物控制技术和污染物排放技术方面已经进行了多年的研究，取得了可喜的成果。我们要积极借鉴国外的先进技术，结合我国经济发展的具体情况，开展技术革新。当前，需要以燃煤电站和大规模工业煤炭用户为主要应用对象，开展燃煤污染物控制技术的研发、示范和推广应用工作；抓紧可再生能源发电技术研究和创新，如大力发展水电项目的利用和创新，因为水电是目前最成熟、成本最低的可再生能源发电技术。

实现"双碳"目标时间紧任务重

按照"双碳"目标，从现在起到 2060 年，实现碳中和的时间只有不到 40 年，实现碳达峰的时间不到 10 年，这意味着中国作为世界上最大的发展中国家，将用更短的时间完成更重的减排任务。我们面临着时间紧、任务重的双重压力，需要付出异常艰辛的努力。

一、维护全球气候安全是实现目标时间紧任务重的客观因素

近代以来，特别是第三次工业革命以来，大量的污水、废气对空气、水源等的污染日益加重，全球大气环境正在变得越来越恶劣。气候灾害增多，全球气候变暖，导致全球传染性的疾病频频发生，严重影响人类的身体健康。甲烷、氮氧化物、二氧化碳是造成温室效应的最主要气体，这些气体浓度的不断增加，将会导致气温不断升高。而 1997 年美国里奇国家实验室的一份报告表明，当前空气中所含有的甲烷的浓度对比工业革命以来已翻了一番，氮氧化物增长了 15%，二氧化碳的浓度竟然增长了 30%。当然，森林大火或者火山喷发，作为自然界本身的原因，都能引起这些变化。但是，由于人类对煤产品或者石油产品过度依赖，加剧了环境污染，导致地球资源日益枯竭，负担在不断加重。大气污染最明显的表现是人类使用煤炭所产生的污染

物，如酸雨等。

在全球气候安全风险日益上升与自然灾害突发频发的大背景下，我国积极应对全球气候变化，同各国一道积极维护全球气候安全。党的十九大报告指出，"引导应对气候变化国际合作，成为全球生态文明建设的重要参与者、贡献者、引领者""为全球生态安全作出贡献""积极参与全球环境治理，落实减排承诺"。党的十九届五中全会通过的《中共中央关于制定国民经济和社会发展第十四个五年规划和二〇三五年远景目标的建议》明确要求，"降低碳排放强度，支持有条件的地方率先达到碳排放峰值，制定二〇三〇年前碳排放达峰行动方案""积极参与和引领应对气候变化等生态环保国际合作"。实现碳达峰、碳中和的目标"我们将说到做到"①，"中国言出必行，将坚定不移加以落实"②。

二、实现碳达峰、碳中和的远景目标迫在眉睫

从时间安排上看，发达国家从碳达峰到实现碳中和，一般都有50—70年的过渡期。碳达峰的时间，欧美是从1990年开始计算，美国是在2000年，它们碳中和的目标是2050年，而中国只有30年的过渡期，这个时间非常具有挑战性。碳中和的目标是2060年达终点，这是我国向世界作出的庄严承诺，是一个大国的诺言。这个时间点是刚性目标，是必须完成的，没有丝毫拖延的余地。怎么达到这个刚性

---

① 习近平:《在金砖国家领导人第十二次会晤上的讲话》,《人民日报》2020年11月18日。

② 习近平:《在二十国集团领导人利雅得峰会"守护地球"主题边会上的致辞》,《人民日报》2020年11月23日。

目标呢? 只有逐年不间断降低碳排放量, 净零碳的目标才会实现。作为发展中国家, 我国工业基础薄弱, 比发达国家人均 GDP 低得多。在尚未基本实现现代化的情况下按期实现碳达峰充满了挑战性, 中国需要付出艰巨努力。西方发达国家实行的是自然碳达峰, 坚持 50 年左右就可以实现碳中和。我国由于发展阶段使然, 需要大幅度压低碳排放的峰值。从碳达峰到碳中和, 留给中国的时间少之又少。要完成这个目标, 必须提高国家自主贡献力度, 采取更加有力的政策和措施。中国只有实现了碳达峰, 才能够实现碳中和; 实现前一目标的时间越早, 就越有利于实现后一目标。[①] 我国是地球上碳排放量最大的国家。中国明确提出的控制碳排放的长期气候目标, 是世界气候综合治理上的里程碑, 意义非常深远、影响十分重大。我们有信心百分之百落实对外宣布的目标。这必将对绿色能源发展和零排放的加速运行, 以及全世界的气候治理起到十分重大的引领作用。

按照时间的跨度, 学术界把碳中和愿景下控制碳排放大致划分为三个时间段: 一是达峰期 (2020—2030 年), 这是关键的 10 年, 其中包含"十四五"时期在内, 要尽快落实、尽早实现碳排放达峰, 尽快严控排放峰值, 为以后的碳中和留出更多缓冲时间。二是加速减排期 (2030—2045 年), 在实现达峰目标后将经历 5 年左右稳中有降、趋缓趋稳的趋势。这一时期将进入快速减排期, 这个时期大约是 15 年。三是中和期 (2045—2060 年), 这一时期以深度脱碳为首要任务, 大力推广负排放技术、绿色能源系统、绿色金融系统、碳汇的应用系统,

---

① 参见胡鞍钢:《中国实现 2030 年前碳达峰目标及主要途径》,《北京工业大学学报 (社会科学版)》2021 年第 3 期。

兼顾经济发展与减排行动的高度契合，最终实现碳中和。[①]

我国碳减排的三个阶段

达峰期	加速减排期	中和期
2020—2030 年	2030—2045 年	2045—2060 年

三、实现碳达峰、碳中和的远景目标要主动作为

实现碳中和目标是一个渐进的长过程，在这个过程中要不断推动绿色能源的转型和产业升级，其中产业转型升级是整个体系中最为困难的，这体现在转型和升级中阻力大、矛盾多。产业结构转型升级是要转变生产方式和增长方式，满足产业转型升级的发展需要。现在，我国的经济发展就处于亟待转型的关键时刻。随着国际国内形势的重大变化，原有的资源驱动型发展方式和产业的原有优势在逐步消失。因此，必须进行产业转型升级，打破固有的模式，同时需要转变发展方式，由过去的资源驱动转变为绿色创新驱动。通俗地讲，产业转型升级就是转变经济增长发展方式，即把高投入、高消耗、高污染、低产出、低质量、低效益转为低投入、低消耗、低污染、高产出、高质量、高效益，把粗放型转为集约型，而不是单纯地转行业。

---

① 参见王灿、张雅欣：《碳中和愿景的实现路径与政策体系》，《中国环境管理》2020 年第 6 期。

　　我国实现产业结构转型遇到的突出问题是人才结构不合理，创新能力不足。产业结构转型升级缓慢且艰难的原因，就是一流优秀人才的匮乏。缺乏大量的优秀人才，企业创新力就不足，缺乏尽快赶超世界先进水平的能力。中国虽然已成为全球制造业中心，名副其实的世界工厂，但在大多数领域仍处于全球产业链、价值链的中低端。随着近些年来制造业成本的提高，利润不断被挤压，大量中小企业出现经营危机。高端人才的缺乏与前沿知识的稀缺，导致中国产业结构转型升级显得十分困难，这已成为制约中国经济发展的最大瓶颈。

　　在实现碳达峰、碳中和的过程中，产业结构转型对企业来说既是机遇期也是阵痛期，有的产业可能会很快适应这个变化，采取积极措施加以应对，使自己在竞争中处于有利位置；有的产业适应慢，行动迟缓，可能慢慢走向破产的边缘。比如，煤炭产业比重大的地区和行业，会有大量的剩余劳动力退出，需要及时安置和转移，可能涉及几十万从业人员的调整，这是对全社会的巨大挑战。因此，在产业结构转型中，需要详细研究相关机制和政策，保证"双碳"目标顺利实现。2021年10月12日，习近平主席在《生物多样性公约》第十五次缔约方大会领导人峰会上指出："为推动实现碳达峰、碳中和目标，中国将陆续发布重点领域和行业碳达峰实施方案和一系列支撑保障措施，构建起碳达峰、碳中和'1+N'政策体系。"[1]《行动方案》明确指出，科学合理确定有序达峰目标。产业结构较轻、能源结构较优的地区要坚持绿色低碳发展，坚决不走依靠"两高"项目拉动经济增长的

---

　　① 习近平：《共同构建地球生命共同体——在〈生物多样性公约〉第十五次缔约方大会领导人峰会上的主旨讲话》，《人民日报》2021年10月13日。

老路，力争率先实现碳达峰。产业结构偏重、能源结构偏煤的地区和资源型地区要把节能降碳摆在突出位置，大力优化调整产业结构和能源结构，逐步实现碳排放增长与经济增长脱钩，力争与全国同步实现碳达峰。

在当前的国际经济发展趋势和政治格局背景下，我国主动顺应全球绿色低碳发展潮流，提出有力度、有显示度的"双碳"目标，向国际和国内社会释放了清晰、明确的政策信号，对外树立了负责任大国形象，彰显了大国责任和担当。[①] 中国的碳达峰、碳中和远景，已经成为绿色零碳发展的时代潮流，也是中国经济社会发展的历史必然。正如习近平主席所指出的："中国将提高国家自主贡献力度，采取更加有力的政策和措施，二氧化碳排放力争于 2030 年前达到峰值，努力争取 2060 年前实现碳中和。"[②]

---

① 参见《中国提出努力争取 2060 年前实现碳中和意味着什么》，《澎湃新闻》2020 年 9 月 23 日。
② 习近平：《在第七十五届联合国大会一般性辩论上的讲话》，《人民日报》2020 年 9 月 23 日。

4 健全绿色低碳循环发展的生产体系

　　《意见》提出，深度调整产业结构，推动产业结构优化升级，坚决遏制高耗能高排放项目盲目发展，大力发展绿色低碳产业。生产是国民经济循环的起点，居于支配地位，它决定消费、分配、交换及其相互之间的关系。生产环节在国民经济循环中起先导性和决定性作用。因此，在世界经济加速迈向低碳化和绿色化的背景下，我国要不断健全绿色低碳循环发展的生产体系，推进工业绿色升级，加快农业绿色发展，提高服务业绿色发展水平，壮大绿色环保产业，提升产业园区和集群循环化水平，构建绿色供应链，提高我国生产端的供给质量和水平，增强我国产业链的创新力和竞争力，推动绿色发展迈上新台阶。

第 一 节

▼

推进工业绿色升级

工业是我国经济发展的主要支柱，绿色是工业高质量发展的鲜明底色。工业是碳排放的重要领域，约占 70%，推进工业绿色低碳发展是实现"双碳"目标的重中之重。[①] 工业领域必须抓住绿色经济的时代机遇，贯彻新发展理念，推动制造业转型升级，形成绿色低碳循环的工业体系。

一、聚焦体系建设，构建绿色产业结构

近年来，我国产业结构持续优化，高技术制造业和战略性新兴产业正在成为经济发展的新引擎。但是，调整优化产业结构任务艰巨，必须毫不动摇地坚持转型发展战略，促进产业整体向中高端迈进，让绿色制造产业成为经济增长的新引擎和国际竞争新优势。

绿色转型的本质是要改变产业结构。加快传统产业转型升级。工业绿色发展是我国制造业的一场转型升级，必须由高能耗、高污染、低效益型的传统工业，向节能、减排、高效的新兴工业转型。积极分

---

① 参见王分棉：《以数字技术推动工业绿色低碳转型》，《经济日报》2021 年 8 月 11 日。

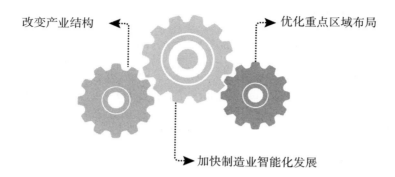

业施策化解产能过剩，严格控制产能过剩行业新增产能，有序退出低效、无效产能，淘汰落后产能，防止已化解的过剩产能死灰复燃。"十三五"期间，全国提前出清1.4亿吨"地条钢"产能，为产业转型升级腾出新空间。[①] 加快实施传统行业绿色化改造，通过科研基金、税收优惠、人才支持等方面的政策，引导并支持企业持续进行节能环保的新技术、新产品、新工艺、新设备的研发，取得良好的经济和社会效益。改变产业结构的重点是投资结构的改变。"双碳"目标的步步推进，带动了科技革命和产业变革的热潮，特别是信息技术、人工智能、新材料、新能源技术等领域，已经形成和绿色投资融合发展的新态势，成为世界各国培育竞争新优势的重要高地。随着"双碳"目标的逐步推进，清洁能源、绿色建筑、绿色交通等领域需要大量的资金投入，以保证节能目标的实现。要发展完善绿色金融，形成科技创新与创业投资资金、银行贷款、融资担保、保险等各种金融方式深度结合的模式和机制，为绿色科技型企业发展营造良好的投融资环境。

---

① 参见韩鑫：《不失时机推动工业绿色发展》，《人民日报》2020年9月3日。

加快制造业智能化发展。智能制造是提升国家整体制造业水平的增长引擎，是赋能制造业高质量发展的必由之路。抓住当下产业迭代升级的历史机遇，积极推动 5G、AI、大数据等新一代互联网技术与传统产业的深度融合，不断孕育新产品、新业态、新模式，为企业提质增效，推动传统产业从低端走向中高端，向终端化、智能化、精细化转型升级。如宝钢股份冷轧厂，经过数字化改造后的"无人车间"，无须工人值守，关灯也可正常运行，还可提高 30% 的劳动效率和 20% 的产能。[①]

优化重点区域布局。当前，我国区域发展形势是好的，但是不同程度地存在着产业布局不合理的问题。正如习近平总书记所指出的："我国经济发展的空间结构正在发生深刻变化，中心城市和城市群正在成为承载发展要素的主要空间形式。我们必须适应新形势，谋划区域协调发展新思路。"[②] 要继续落实长江经济带发展、粤港澳大湾区建设等国家重大战略，打造强劲有力的区域经济布局引擎，在京津冀、粤港澳大湾区依托人才、技术等先发优势率先培育一批世界级先进制造业集群，中西部地区及其他老工业基地可根据自身比较优势加快建设专业化、特色化的先进制造业集群，将重庆、成都、武汉、盐城等地发展成为我国重要的节能环保装备制造产业集群，从根源上破解产业布局难题，形成区域绿色协同发展格局。

---

① 参见韩鑫：《产业数字化　制造更智能》，《人民日报》2020 年 7 月 13 日。
② 习近平：《推动形成优势互补高质量发展的区域经济布局》，《求是》2019 年第 24 期。

二、全面推行清洁生产，推动产业低碳转型

衡量国家制造业竞争力的重要指标之一就是资源能源利用效率、绿色制造水平。《中华人民共和国国民经济和社会发展第十四个五年规划和 2035 年远景目标纲要》提出："推动能源清洁低碳安全高效利用，深入推进工业、建筑、交通等领域低碳转型。"在这种背景下，必须把节能高效放在推进能源革命的优先位置，挖掘绿色增长潜能，培育制造业竞争新优势，实现工业率先碳达峰。

全面推行清洁生产是产业低碳转型的重要环节。清洁生产是我国工业可持续发展的一项重要战略，有助于从生产全过程控制污染，从而提升生态环境质量。要高度重视清洁生产，发展改革委等有关部门要制定清洁生产推行规划、重点行业清洁生产评价指标体系，完善和落实促进清洁生产的政策等。企业作为清洁生产的主体，企业管理者要转变观念，提高认识，真正把实施清洁生产作为提高企业整体素质和增强企业竞争力的一项重要措施；认真开展清洁生产审核，并按有关规定，将审核结果报当地生态环境保护部门和发展改革委；加快实施清洁生产方案，优先实施无费、低费方案，中高费方案要纳入企业规划和固定资产投资计划，逐步实施；建立环境管理体系，有条件的企业可开展环境管理体系认证，提高清洁生产水平；建立清洁生产责任制度，要实行企业清洁生产领导责任制，加强宣传和岗位培训，实行装置运行达标管理，建立奖惩制度。加快技术创新步伐，实施能源清洁高效利用行动计划，大力推行绿色设计，面向重点领域、重点区域开展清洁生产改造，提高清洁生产的整体水平。2016—2019 年，我国规模以上企业单位工业增加值能耗累计下降超过 15%，相当于节能

4.8 亿吨标准煤，节约能源成本约 4000 亿元。[1]

"十三五"时期我国企业清洁生产整体水平进一步提高

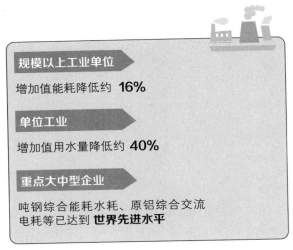

数据来源：工业和信息化部

深化工业领域节能是低碳转型的关键。能源是我国社会经济快速发展的重要保障。习近平总书记指出："能源产业要继续发展，否则不足以支撑国家现代化。"[2] "十三五"时期以来，单位工业增加值能耗下降完成情况较好，稳中有进，但节能潜力逐步缩小，关键资源的综合利用率与发达国家仍有差距。"十四五"时期是我国应对气候变化、实现碳达峰目标的关键期和窗口期，也是工业实现绿色低碳转型发展的关键五年。为明确重点行业、重点领域、重点地区碳达峰的"路线图"，工信部发布《"十四五"工业绿色发展规划》和《"十四五"原

---

① 参见韩鑫：《我国工业绿色发展成绩亮眼》，《人民日报》2020 年 8 月 26 日。
②《习近平谈能源产业：走绿色低碳发展道路》，新华网 2021 年 9 月 14 日。

材料工业发展规划》，制定有色金属、建材、钢铁、石化等重点行业碳达峰实施方案，明确工业降碳实施路径，推广重大低碳技术工艺，开展降碳重大工程示范，推进各行业落实碳达峰目标任务。各地及时进行部署。2021 年 9 月 14 日，武汉市明确提出到 2022 年碳排放量基本达到峰值，控制在 1.73 亿吨。武汉市是全国最早明确提出碳排放峰值量化目标的城市之一。聊城市作为国家循环经济示范试点城市，不断探索工业循环经济发展新路子，积极培育循环经济典型模式。围绕有色金属、化工、建材等 8 个重点行业，该市形成了以祥光铜业、信发集团为代表的 10 个循环经济发展模式。其中，9 个模式入选"山东省循环经济典型模式案例"，约占山东省典型模式总数的 1/5，工业循环经济发展走在全省前列。

推动工业能效水平持续提升。低碳技术是工业降低碳排放总量和强度的重要推动力和应对气候变化的关键所在，要加快低碳技术的研发、示范与推广，如推广高效节能锅炉、风机、空气压缩机等高效用能设备。

三、鼓励开展绿色设计，建设绿色制造体系

绿色设计是建设绿色制造体系的灵魂。一个健康的绿色制造体系，必须是设计具有前瞻性、结构合理、零碳排放、逻辑严密的。绿色制造体系的建设是制造业绿色低碳转型升级的领头羊。我国绿色制造体系初步形成，但还存在覆盖面不够广、领域不齐全、区域推进不平衡等问题。围绕"碳达峰、碳中和"目标，要进一步推行绿色产品设计，推广和普及绿色制造理念，全面构建绿色制造体系，打造全绿色产业链。

第一，推进绿色产品开发。产品全生命周期 80% 的资源环境影响取决于设计阶段。[①] 绿色产品开发就是绿色制造的"供给侧结构性改革"，对整个工业体系低碳转型具有重要意义。要在产品设计开发阶段系统考虑全生命周期各环节，促进生产方式、消费模式向绿色低碳转变。开展绿色设计示范试点，培育和发展一批绿色设计领先企业。截至 2021 年 2 月，工信部累计发布 128 家绿色设计示范企业，共 2170 项绿色设计产品。[②] 加大绿色设计产品与技术开发投入，鼓励金融机构提供适用的金融信贷产品，鼓励银行、担保机构等提供便捷、优惠的担保服务和信贷支持。加强绿色设计相关信息的宣传披露。在企业网站设置环境专栏，介绍绿色设计理念、产品与技术研发进展、工厂的绿色生产措施和排放数据等信息。

第二，推进绿色工厂建设。绿色工厂是绿色制造体系的核心支撑单元，发展步伐最快，最具可衡量性。绿色工厂强调生产过程绿色化，对绿色制造体系发挥引领作用。全面培育绿色制造标杆，在重点制造领域选择一批生产洁净化、能源低碳化的企业开展绿色工厂创建，充分发挥示范引领作用，卓有成效地引导企业绿色转型。"十三五"时期，我国创建了 2121 家绿色工厂、171 家绿色园区、189 家绿色供应链示范企业，开发 2170 种典型绿色设计产品，累计推广节能、节水、再制造、综合利用、中国 RoHS 等在内的绿色产品近 2 万种，完成了"千家绿色工厂、百家绿色园区、万种绿色产品"目标。采用先进适用的绿色技术装备，淘汰落后设备，建立资源回收循环利用机制，推

---

① 参见《我国工业节能减碳技术发展迅速》，《人民日报》2021 年 2 月 1 日。
② 同上。

动用能结构优化。例如，江西九江诺贝尔陶瓷有限公司实现陶瓷废料废渣 100% 回收再利用，成为行业唯一通过中国建筑材料检验认证中心（CTC）"技术领先产品认证"的企业，并入选工信部"绿色工厂"。

"十三五"时期我国创建的 2121 家绿色工厂行业分布情况图

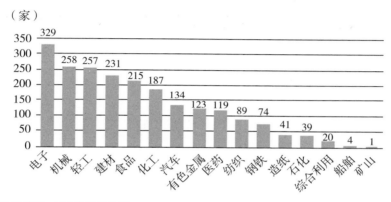

数据来源：工业和信息化部

第三，推进绿色供应链建设。绿色供应链是绿色制造理论与供应链管理技术结合的产物。要打造绿色供应链示范工程，开展绿色供应链示范企业建设，择优创建一批国家级绿色供应链管理企业，发挥行业影响力。"十三五"时期，我国已建立 189 家绿色供应链示范企业。确立企业可持续的绿色供应链管理战略，发挥核心龙头企业引领带动作用，供应链节点上企业实施绿色伙伴式供应商管理，带动全链条上的企业与环境的协调发展。建立绿色供应链管理体系，搭建供应链绿色信息管理平台，加快建立绿色集约高效的采购、生产、营销、回收及物流体系。

第四，推进绿色园区建设。绿色工业园区是突出绿色理念和要求的生产企业和基础设施集聚的平台。将资源节约和环境友好理念贯彻于园区规划和资源利用等方面，在省级以上工业园区培育一批创新能力强、示范引领作用好、各具特色的绿色园区，推动园区结构绿色化、资源循环化和链接生态化改造。"十三五"时期，我国已建立 171 家绿色工业园区。打造绿色智慧园区，鼓励采用现代信息技术，建立区域能源监控中心和环境监测网络，提高园区绿色建筑和可再生能源使用比例，强化绿色产业园区建设推进机制，形成工业园区绿色发展模式。

加快农业绿色发展

习近平总书记强调:"推动乡村振兴,促进农业高质高效、乡村宜居宜业、农民富裕富足。"[①]绿色是农业的底色,农业绿色发展是农业现代化的重要前提,是全面推进乡村振兴的必然选择,是满足人民美好生活期盼的战略部署。"十四五"时期,农业发展进入加快推进绿色转型的新发展阶段。要大力推进农业绿色发展这场深刻革命,走出一条中国特色农业现代化道路。

一、加强农业资源保护利用,提升可持续发展能力

节约资源是农业绿色发展的基本特征,是保护生态环境的根本之策。要树立节约集约循环利用的资源观,加强全过程节约管理,提高土地产出率、资源利用率、劳动生产率,促进农业资源永续利用。

第一,加强耕地保护和质量建设。耕地是粮食生产的命根子。习近平总书记强调,要像保护大熊猫一样保护耕地。[②]2019年末,全

---

① 《习近平出席中央农村工作会议并发表重要讲话》,《人民日报》2020年12月29日。

② 参见《习近平就做好耕地保护和农村土地流转工作作出重要指示》,《人民日报》2015年5月26日。

国共有耕地 19.18 亿亩。与第二次全国土地调查时相比，10 年间全国耕地地类减少了 1.13 亿亩，其主要原因是农业结构调整和国土绿化。[①] 同时，粮食消费结构不断升级，粮食供求形势依然偏紧。耕地保护要稳数量、提质量、保生态。落实最严格的耕地保护制度，严格控制非农建设和新增建设占用耕地，坚决遏制耕地"非农化"，防止"非粮化"，牢牢守住 18 亿亩耕地红线、15.46 亿亩永久基本农田面积；重视高标准农田建设，按照《全国高标准农田建设规划（2021—2030 年）》的要求，科学确定高标准农田建设布局，要新建高标准农田并改造提升已建高标准农田，到 2030 年累计建成 12 亿亩高标准农田并改造提升 2.8 亿亩高标准农田。加强东北黑土地保护，通过推进土壤侵蚀防治、培育肥沃耕作层、监测评价耕地质量等，有效遏制黑土地"变薄、变瘦、变硬"退化趋势。加强退化耕地管理，逐步实现酸化土地降酸改良，盐碱耕地压盐改良。

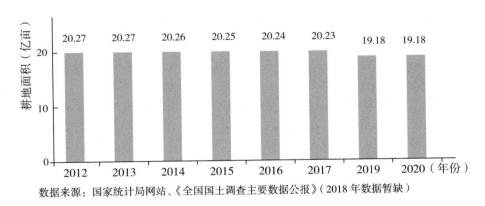

2012—2020 年我国耕地面积变化情况

数据来源：国家统计局网站、《全国国土调查主要数据公报》（2018 年数据暂缺）

---

① 参见《第三次全国国土调查：10 年间全国耕地地类减少了 1.13 亿亩》，人民资讯网 2021 年 8 月 26 日。

第二，提高农业用水效率。水是农业的生命之源，农业与水休戚相关。我国水资源总量不足且分配不均，农业节水势在必行。要因地制宜选择农业生产方式，在华北和东北西部地区发展雨养农业，在西北干旱缺水地区发展集雨补灌农业，在西北和内蒙古中西部风蚀沙化严重地区发展节水保土农业，在华北西部、西北等农牧交错区推进农牧结合，并顺天应时发展旱作农业。集成推广节水技术，推进农艺节水，加强喷灌、滴灌、智能灌溉等节水设施建设，实现灌区管理和用水调度的数字化、智能化和智慧化，打造智慧灌溉区。推进品种节水，在缺水地区选育推广一批节水抗旱的小麦、玉米品种，并不断推进工程节水、管理节水、治污节水、重点区域农业节水等。加强农业用水管理，严格灌溉用水总量控制和定额管理，颁发水权证，建立农业灌溉用水台账，建设用水计量设施等。天津市积极推广节水技术，推动全市 60% 的奶牛场采用智能喷淋系统，80% 的生猪养殖场实现高压冲洗圈舍，在新建大型养殖场推广应用碗式饮水器 3.6 万个。[①]

二、加强农业面源污染防治，提升产地环境保护水平

更加注重环境友好，这是农业绿色发展的内在属性。近年来，农业快速发展的同时，生态环境频亮"红灯"，农业面源污染结构性、根源性、趋势性压力依然较大。习近平总书记指出，农业发展不仅要杜绝生态环境欠新账，而且要逐步还旧账。[②] 要有效遏制农业面源污

---

① 参见陈忠权：《天津市多措并举扎实推进农业节水 "十四五"新增节水灌溉面积40万亩》，《天津日报》2021 年 8 月 24 日。

② 参见中共中央文献研究室编：《习近平关于社会主义生态文明建设论述摘编》，中央文献出版社 2017 年版，第 60 页。

染，保护"生态之肺"，重显农业绿色的本色。

第一，科学使用农业投入品。推进化肥减量增效。集成推广科学施肥技术，鼓励因地制宜、就地就近施用果茶菜有机肥替代化肥，培育扶植一批专业化服务组织，坚持精准测土、科学配肥、减量施肥相结合。河南省作为农业大省积极统筹推进土肥水工作，"测土配方施肥技术覆盖率达 90% 以上，主要农作物化肥利用率稳定在 40% 以上，全省化肥减量增效示范区配方肥到位率达 80% 以上"[1]。推进农药减量增效。推行统防统治，统一防治时间、用药、技术；推进科学用药，精准对接施药"窗口期"，适量用药，防止乱用药、滥用药；推广新型高效植保机械，每台无人机每天可完成作业 1200 亩以上，可在手机上实时显示飞行数据、飞行速度、飞行高度、装药重量、飞行面积等，省时高效，准确无误，提高了农药利用率，已成为病虫害防治的标配。

第二，循环利用农业废弃物。促进畜禽粪污资源化利用。建立畜禽粪污收集、处理、利用信息化管理系统，培育发展沼气、生物天然气工程等畜禽粪污能源化利用产业，形成多模式、多层次畜禽粪污资源化利用新格局；推进绿色种养循环，制定可供粪污消纳的配套土地政策，配套研发养殖粪污农田精准施用技术与装备。甘肃省规模养殖场粪污处理设施装备配套率已达到 96%，大型规模养殖场设施设备装备配套率达到 100%[2]，实现了畜禽粪肥低成本、机械化、就地就近还田。推进秸秆综合利用。我国是农作物秸秆生产大国，秸秆常年产量约 8 亿吨，机械化综合利用是秸秆资源化综合利用的重要途径。

---

[1] 刘红涛：《今年河南省全面推进化肥减量增效》，《河南日报》2021 年 3 月 31 日。
[2] 参见吴晓燕、鲁明：《甘肃：用好畜禽废弃物促绿色发展》，《农民日报》2020 年 9 月 8 日。

循环利用农业废弃物示意图

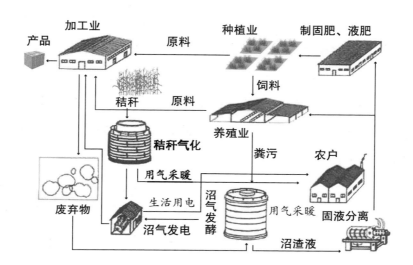

第三，加快治理农业白色污染。我国地膜年用量达到 145 万吨，占全球用量的 74%[①]，污染严重。要促进农膜回收利用，建立源头控制机制，调减作物覆膜面积，推广普及标准地膜和生物降解地膜，淘汰不符合国家强制性标准的地膜；建立回收利用机制，调整补贴政策，由"补使用"转为"补回收"。严格包装废弃物回收处置，明确农药包装废弃物生产管理责任，农药生产者改进包装，经营者采取押金制、有偿回收等措施，并以农资经销店为依托合理布局回收站店，引导农药使用者交回农药包装废弃物；合理处置肥料包装废弃物，有再利用价值的包装废弃物回收利用，无利用价值的纳入农村生活垃圾处理体系集中处理。

---

① 参见《农业绿色发展综合试点需要抓住关键环节精准施策》，农业农村部网站 2020 年 9 月 30 日。

三、打造绿色低碳农业产业链，提升农业质量效益和竞争力

现代农业的载体是农业产业体系，积极推进农业结构战略性调整，形成完善的现代农业产业体系，能增强农业整体素质和竞争力。但是，我国全产业链绿色转型刚刚起步，推进农业绿色发展、低碳发展、循环发展，实现生态价值向经济价值转换，必须从包括生产、加工、流通、消费等的全过程打造绿色低碳农业产业链，提升农业整体效益和综合竞争力。

第一，增加农村绿色产品供给。习近平总书记强调，要把增加绿色优质农产品供给放在突出位置。[①] 在生产环节，大力开发绿色农产品，支持资源和生态条件突出的地方发掘优异种质资源，自主培育一批突破性绿色品种，建设一批作物和畜禽水产良种繁育基地，促进优质农产品生产。健全绿色农产品标准体系和质量安全追溯体系，保证食品安全。实施农业品牌振兴行动，紧紧围绕品牌效应这条主线，加强宣传平台建设，讲好农业品牌故事，培育一批农业绿色发展标准体系的"领跑者"，培育一批"大而优""小而美"的农产品品牌，为地区经济发展作出积极贡献。

第二，促进产业融合发展。农业与各行各业的跨界融合形成的新产业、新业态正在不断涌现，正成为现代农业跨越式发展的新引擎，必须以绿色发展为导向，优化农村第一、二、三产业，推进农业结构战略性调整。发展乡村特色产业。特色产业是乡村产业的重要组成部分，发展潜力巨大，要坚持以市场需求为导向，立足资源禀赋和区位

---

① 参见中共中央文献研究室编:《习近平关于社会主义生态文明建设论述摘编》，中央文献出版社 2017 年版，第 91 页。

优势，转变思维方式和经营方式，大力发展观光农业、分享农业、定制农业、康养农业等新业态，挖掘特色种养、特色手工业和特色文化等的巨大潜力。比如，江苏通过实施"百园千村万点"休闲农业精品行动，全省 2020 年休闲旅游农业综合收入达 800 亿元，比 2015 年增长 150% 以上，不少县区因此走上了三产融合发展的"快车道"。[①]

　　第三，发展智慧农业。伴随网络化、信息化和数字化在农业农村经济社会发展中的应用，各地农村悄然兴起"智慧农业"创新变革，实体经济和线上经济融合帮助农业的产业升级、营销升级、管理升级。发展农村电子商务，让优质产品搭上电商快车，创新农产品冷链条共同配送、生鲜电商＋冷链宅配、中央厨房＋食材冷链配送等经营模式，降低流通成本和资源损耗。比如，江苏的"互联网＋"农业发展速度和规模一直稳居全国前列，尤其是农产品电商，2020 年全省农产品网上交易额达 843 亿元，同比增长 35.6%，已连续多年保持 20% 以上的增幅。

---

　　① 参见《农业现代化辉煌五年系列宣传之四十二：江苏省"十三五"农业现代化发展回顾》，农业农村部网站 2021 年 9 月 10 日。

提高服务业绿色发展水平

我国服务业发展实力日益增强，成为国民经济第一大产业和经济稳定增长的压舱石。据预测，到 2025 年，中国服务业增加值占 GDP 比重将达到 60%。[①] 但我国服务业在 GDP 增加值中的占比远低于发达国家，而且服务业的品质难以满足升级的消费结构的需要，有效供给不足。"十四五"时期，要加快实施服务业融合发展和创新驱动战略，不断推动服务业数字化、品质化、高端化转型，推进服务业高质量发展。

一、优化服务业产业升级，加快培育新业态新模式

以新一代信息技术和数字经济为引领的产业跨界融合正加速推进，有形产品或无形服务的价值创造将更多地取决于服务要素的投入力度。《中共中央关于制定国民经济和社会发展第十四个五年规划和二〇三五年远景目标的建议》指出，"加快发展现代服务业"，"推动现代服务业同先进制造业、现代农业深度融合"，"推进服务业数字

---

① 参见《报告预测：2025 年中国服务业增加值占 GDP 比重将升至 60%》，《中国青年报》2021 年 9 月 7 日。

化"，从而培育服务业发展新增长点。

第一，深化现代服务业与先进制造业融合。生产性服务业的发展速度和质量，决定我国制造业能否迈向专业化和价值链中高端。培育制造服务业主体，围绕制造业共性服务需求，加快培育一批创新活跃、管理优化、质量卓越、带动效应突出的两业融合发展的国内甚至国际交流平台，通过技术服务、产业协作、综合性服务等提升集群内部协同水平；推动制造业企业剥离非核心服务，建立专业的服务部门，为产业链上下游企业提供研发设计、创业孵化等社会化专业化服务，进一步推进服务精细化、专业化、市场化，构建产业链增值服务的生态系统；培育制造质量品牌，鼓励专业服务机构积极参与制造业企业品牌建设和市场推广，加强品牌和营销管理服务能力，提升制造业品牌效应和市场竞争优势等。例如，海尔智能互联工厂模式取消中间环节，用户可直接从工厂定制产品，自由选择产品颜色、款式、结构和性能等，可精准追踪整个生产和配送流程。智能互联工厂模式全流程与用户互联互通，实现高品质、高效率、高柔性的快速交付。

第二，推动现代服务业同现代农业深度融合。现代服务业同现代农业深度融合是传统农业向现代农业演进、实现农业可持续发展、构建现代农业产业体系的必然要求。培育壮大新型农业合作社，鼓励农业合作社立足农业生产全过程，不断拓宽服务领域，向农业市场信息服务、产品加工、物流配送、市场营销、废弃物资源化利用等环节拓展，延长农业产业价值链，实现从田间到餐桌、从生产到生活的农业产业链全覆盖。发展农业高科技服务，发展遥感监测、病虫害远程诊断、水肥药智能管理等农业高科技服务，打造农业科技服务云平台，打通农业科技信息服务"最后一公里"。注重农业多功能性开发，以农业资源、田园风光、乡土文化为依托，大力发展观光休闲农业、科技示范农业、民间文化艺术院、节庆会展农业等。

二、不断提升服务供给质量，满足人们的品质消费

随着新兴技术特别是大数据、人工智能、物联网等技术的发展，服务企业将由传统交付服务的方式向"无缝服务"转变，服务业4.0时代拓展了服务业智能化发展的想象空间。人们的消费观念和消费方式出现了个性化、体验化、社交化和价值化等新的特征和趋势。必须深入推进传统服务业数字化改造和转型升级，提供以主动、无摩擦、共情、端到端为特征的智能化服务。

服务业智能化发展

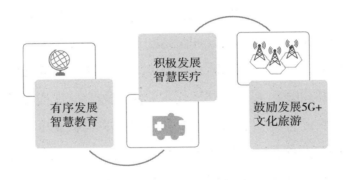

第一，有序发展智慧教育。智慧教育是教育信息化历史进程中的发展新阶段，是构建智慧教育环境，助推教育创新转型，促进教育优质均衡的重要途径。湖南省以"国家教育信息化2.0试点省"为抓手，加快提升教学、管理、科研、服务等各环节的信息化能力。推广大规模在线开放课程共建共享。自2017年起，教育部共计遴选认定了包

括 1875 门线上课程、728 门虚拟仿真实验教学课程和 868 门线上线下混合式课程在内的国家级一流课程，显著提升西部高等教育质量。[①]在探索教育新形态方面，运用 5G、AR/VR 技术，突破时空的限制，实现场景化交互教学，打造沉浸式课堂，并推广到校园安防、教育管理、学生综合评价等场景，掀起一场教育领域的"学习革命"。

第二，积极发展智慧医疗。智慧医疗把大数据、人工智能、云计算、物联网等技术与医疗领域进行融合创新和实践，让医疗信息和资源"一键可及"，实现了医疗能力的智慧化、高效化，真正打通看病难的"最后一公里"。加强 5G 医疗健康网络基础设施部署，政府主导，医院、科研院所、企业等多方以重大项目为抓手，推进导诊机器人、5G 急救车、辅助系统、智能医疗设备、智能诊断设备等新技术、新产品的产出。发展"智慧医院"，丰富 5G 技术在医疗健康行业的应用场景，如智能导诊、急诊急救、远程诊疗、远程手术、健康科普等，加速实现院内外、院间信息互联互通，实现用有限医疗资源提升医疗服务水平。截至 2020 年 10 月底，全国已有 900 余家互联网医院，远程医疗协作网覆盖所有地级市，在线用户规模 2.15 亿，智慧医疗产业具备转向高质量发展的基础和优势。[②]

第三，鼓励发展 5G+ 文化旅游。5G 等数字技术对文旅行业的转型和发展具有重要意义。文旅行业搭乘 5G 时代智能快车，不仅是社会民生服务普惠行动，更有望成为数字经济应用最为广泛的领域。推

---

① 参见《我国上线慕课数量超过 3.4 万门 学习人数达 5.4 亿人次》，新华网 2020 年 12 月 11 日。

② 参见崔爽、唐婷、丁宁：《智慧医疗推广：加强顶层设计 加快技术研发》，《科技日报》2021 年 3 月 11 日。

动景区、博物馆等开发线上数字化体验产品，培育云旅游、云直播、云展览、线上演播等新业态，让文化和旅游资源借助数字技术"活起来"，鼓励定制、体验、智能、互动等文化和旅游消费新模式的发展，丰富游客的消费选择。例如，为了让游客足不出户"畅游"湖北省博物馆，2018 年 11 月，该馆推出"5G 智慧博物馆 App"，将曾侯乙编钟、越王勾践剑等一批珍贵文物进行了 3D 仿真和"毫米级"重现。突破数字内容关键共性技术，以 5G+AR、5G+AI 等技术为支撑，打造一个实时更新、可持续、可交互的数字文化共享场景。2021 年 6 月 28 日晚，在庆祝中国共产党成立 100 周年大型文艺演出《伟大征程》举行时，中国移动首次采用基于 5G 的即时电影拍摄技术，首次实现了全球大型舞台剧"即时摄影、瞬时导播、实时投屏"，将 5G 网络特性发挥得淋漓尽致，创造了新视效、新体验。

壮大绿色环保产业

近年来，在政府积极支持下，我国节能环保产业进入发展黄金期、机遇期。"深入实施可持续发展战略，巩固蓝天、碧水、净土保卫战成果，促进生产生活方式绿色转型。""培育壮大节能环保产业。"① 这是《政府工作报告》中第六次明确提到"节能环保产业"，培育壮大节能环保产业已成为政府工作的一个重点。未来，环保产业要统筹考虑全过程的资源能源消耗和污染排放，不仅服务污染防治攻坚战，而且要发挥对经济增长的拉动作用。

一、建设绿色产业示范基地，形成协同绿色发展格局

绿色产业集聚是推动绿色发展和提升绿色竞争力的重要保障。为实现"双碳"目标，各方要加快谋划和制定绿色产业发展施工图，不断搭建绿色发展平台，形成一批特色鲜明、亮点突出的绿色产业示范基地，提高绿色产业发展水平。

第一，统筹规划一体推进。国家和地方发挥各自优势，统筹协调

---

① 李克强：《政府工作报告——2021 年 3 月 5 日在第十三届全国人民代表大会第四次会议上》，中国政府网 2021 年 3 月 5 日。

相关部门从资金、政策上适当支持列入绿色产业示范基地建设方案的公共服务及平台等基础设施建设，形成协同绿色发展格局。国家发展改革委为统筹绿色产业示范基地建设的相关政策，于2020年7月7日发布了《国家发展改革委办公厅关于组织开展绿色产业示范基地建设的通知》，规定到2025年，绿色产业示范基地建设取得阶段性进展，培育一批绿色产业龙头企业。2020年5月21日，国家发展改革委等六部门联合发布的《关于营造更好发展环境支持民营节能环保企业健康发展的实施意见》规定，在石油、化工、电力、天然气等重点行业和领域，进一步引入市场竞争机制，放开节能环保竞争性业务，培育一批符合环保装备制造业规范条件企业。各地正在加快形成一批拥有自主创新和知识产权的千亿级、万亿级产业集群，对全国绿色产业发展的引领作用初步显现。四川印发《四川省"5+1"重点特色园区培育发展三年行动计划（2021—2023年）》，提出打造绿色工厂、绿色园区、低碳园区。广西印发《关于推进工业振兴三年行动方案（2021—2023年）》，提出力争到2023年打造绿色新材料万亿元产业集群。这些地方在统筹规划、资金支持、用地安排、基础设施建设等方面，优先支持绿色产业示范基地。

第二，引导中小企业聚焦主业、增强核心竞争力。习近平总书记高度重视中小企业的发展，指出，"我国中小企业有灵气、有活力，善于迎难而上、自强不息"①，提出"中小企业能办大事""发展专精特新中小企业"等论断，为中小企业发展指明了方向。目前，中小企

---

① 《习近平在浙江考察时强调　统筹推进疫情防控和经济社会发展工作　奋力实现今年经济社会发展目标任务》，《人民日报》2020年4月2日。

全国范围内 31 家绿色产业示范基地名单

序号	基地名称	地区	序号	基地名称	地区
1	天津经济技术开发区	天津	2	武安工业园区	河北
3	高碑店经济开发区	河北	4	大同经济技术开发区	山西
5	伊通满族自治县经济开发区	吉林	6	抚松工业园区	吉林
7	漕河径新兴技术开发区盐城分区	上海	8	苏州国家高新技术产业开发区	江苏
9	盐城环保高新技术产业开发区	江苏	10	常州经济开发区	江苏
11	吴兴经济开发区	浙江	12	遂昌工业园区	浙江
13	濉溪经济开发区	安徽	14	阜阳界首高新技术产业开发区	安徽
15	芜湖高新技术产业开发区	安徽	16	福州高新技术产业开发区	福建
17	丰城循环经济产业园	江西	18	德州高新技术产业开发区	山东
19	三门峡高新技术产业开发区	河南	20	谷城经济开发区	湖北
21	汨罗高新技术产业开发区	湖南	22	广州经济技术开发区	广东
23	东莞松山湖高新技术产业开发区	广东	24	梧州循环经济产业园区	广西
25	重庆经济技术开发区	重庆	26	自贡高新技术产业开发区	四川
27	清镇经济开发区	贵州	28	景谷林产工业园区	云南
29	西安经济技术开发区	陕西	30	格尔木昆仑经济技术开发区	青海
31	银川高新技术产业开发区	宁夏			

业还存在商业模式创新不足、资金短缺、科技创新动力不强等一系列突出问题。一方面是鼓励创新。依托本地科研、企业、需求等方面优势，探索建立高校、科研院所与企业联合开发、利益共享和风险共享的创新模式，加大绿色环保技术装备的有效供给，以市场为导向加强节能、环保、资源循环利用技术装备推广，引导绿色技术装备向国家重点突破方向发展。另一方面是资金支持。2021 年 1 月，财政部、工信部联合下发《关于支持"专精特新"中小企业高质量发展的通知》，提出"十四五"期间，中央财政计划累计安排 100 亿元以上奖补资金，分三批培育 1000 余家国家级专精特新"小巨人"企业，带动 1 万家左右中小企业成长为国家级专精特新"小巨人"企业，优质企业培育库不断扩围。

二、发展环保服务业，引领未来环保方向

环保服务业是环保产业的重要组成部分，其发展水平是衡量环保产业成熟度的重要标志。2019 年全国环保产业营业收入约为 17800 亿元，较 2018 年增长约 11.3%，其中环境服务营业收入约为 11200 亿元，同比增长约 23.2%。[1] 要加快推动环保服务成为未来环保产业的主流业态和重要方向，逐渐成为经济转型升级的新蓝海。

第一，发展节能服务。环保服务业的一个发展趋势是，合同能源管理行业根据客户对能源的需求，积极推广有利于环境的、经济实惠的节能咨询、诊断、设计、融资、改造、托管等"一站式"综合服务，并从客户的节能效益中收回投资和取得利润。近年来，中国节能服务

---

① 参见《2020 中国环保产业发展状况报告》，生态环境部网站 2021 年 1 月 20 日。

2017—2020 年我国环保产业营业收入统计及增长情况

数据来源：中国环境保护产业协会

产业节能能力与减排能力整体呈上升趋势。2020 年，合同能源管理项目投资额新增 1245.9 亿元，形成年节能能力 4050.06 万吨标准煤，相当于减排 10172.27 万吨二氧化碳。

第二，壮大环保服务。加快构建环保服务平台，依托域内骨干企业，吸引环保服务企业和机构入驻，探索环境管家、绿色联盟、产业共生、第三方环境服务等新模式，为发展生态修复、环境风险与损害评价、排污权交易、绿色认证等领域提供便捷服务。发展壮大生态环境领域志愿服务力量，有针对性地给予民间志愿服务组织政策和资金支持，建设省、市、县三级生态环境志愿服务队伍，打造流程化、机制化、可重复、能持续、易推广的志愿服务项目；推动环保设施向公众开放，引导全社会参与生态环境保护事务，践行绿色生产生活方式，为持续改善生态环境质量、建设美丽中国夯实社会基础。

第三，培育碳达峰、碳中和衍生服务。建立健全碳交易市场体系。2021 年 7 月 16 日，全国碳市场上线交易正式启动。根据《碳排放权交易管理办法（试行）》，生态环境部负责制定碳排放配额总量确定和分配方案，然后授权或出售给企业有限额规定的排放许可证；省级生态环境主管部门负责向本行政区域内的重点排放单位分配规定年度的碳排放配额；重点排放单位建立碳合规管理体系，做好碳合规管理制度执行，依法制定碳中和方案，根据自身排放情况在交易市场上买卖排放配额；设定碳排放价格和完善利益调节机制，通过"污染者付费"原则激励引导企业加强节能减排举措，促进全社会在投融资行为、技术研发、生产方式等领域向清洁低碳产业倾斜，增强低碳经济转型的动力，为高质量发展增添绿色动能。截至 2021 年 6 月，试点省市碳市场累计配额成交量为 4.8 亿吨二氧化碳当量，成交额约为 114 亿元。① 完善碳市场管理层级和能源消费"双控"制度，积极参与国家碳排放交易市场建设和气候投融资试点；选择典型城市和区域，开展空气质量达标与碳排放达峰"双达"试点示范创建，考虑发展定位、产业结构、资源禀赋、地理位置等客观差异，选用协同效益较高的措施，制定"双达"的时间框架、空间框架和技术路线图。

---

① 参见刘瑾：《中国碳市场为国际合作增添动力》，《经济日报》2021 年 7 月 19 日。

提升产业园区和集群
循环化水平

提升产业园区和集群循环化水平,是推动工业化、城镇化和区域经济高质量发展的重要平台,是建设安全高效产业链体系的必由之路,是构建新发展格局的必然要求。我国产业园区面临着产业特色不鲜明、缺乏配套、绿色产业集聚效应弱等问题。要加快推进区域产业集群优化融合、协作发展,形成特色突出、优势互补、结构合理的产业发展格局,着力提升产业链供应链现代化水平,推动高质量发展。

一、打造产业集聚集群,推动形成产业循环耦合

培育产业集群是增强技术创新和增强国家竞争力的重要途径,产业集群战略已经被纳入国家和地方政策。党的十九届五中全会提出"推动先进制造业集群发展"。《中华人民共和国国民经济和社会发展第十四个五年规划和 2035 年远景目标纲要》对培育先进制造业集群作出了部署。2021 年 2 月 22 日国务院发布的《关于加快建立健全绿色低碳循环发展经济体系的指导意见》指出,要"提升产业园区和产业集群循环化水平"。据统计,2020 年 31 个省区市政府工作报告中,有 29 个地区明确提出推动产业集群发展,其他各级集群培育政策也

相继出台。但有的地方将园区等同于集群，有可能落入企业之间不合作的"集聚陷阱"，必须打造科学集约高效的产业集聚集群。

第一，科学编制新建产业园区开发建设规划。一些产业园区在建设发展过程中缺少规划，导致园区产业结构相对单一，同质化同构化严重，没有形成上下游产业链和企业之间的规模经济，欠缺区域资源循环功能。依法依规开展规划环境影响评价，在项目招商引资上设定入园门槛，明确能耗、水耗、物耗、环保等准入标准，严格控制"两高"项目企业入驻，多吸引新一代信息通信、节能与新能源汽车、人工智能、软件和信息服务、智能网联汽车等产业，完善循环产业链条。科学规划园区空间布局，在构建之初，坚持统筹兼顾，优化园区总体发展规划与土地利用、城市建设、配套设施、清洁生产、园区循环产业链等规划深度融合，实行"多规合一、一规管总"，并根据任务的轻重缓急制定相应的短期规划和中长期规划，避免各园区和各企业自成体系，防止恶性竞争。

第二，推动形成产业循环耦合。一些工业园区产业处于产业链、价值链、创新链的低端，龙头、骨干公司企业尚未与中小企业形成紧密协作关系，产业的关联效应和辐射能力较弱，阻碍了产业集群的发展，应依据关联性构建循环产业链条，提高园区的核心竞争力。推动企业循环式生产，鼓励园区推动绿色工厂建设，实现厂房集约、原料无害化、生产洁净化、废物资源化、能源低碳化，最大限度减少园区集中生产带来的环境污染；有效引导企业调整产业结构，把循环经济减量化、再利用、资源化贯穿生产过程，坚持改造和培育战略性新兴产业并重，提升重点企业和重点品种工艺流程再造，实现各种资源以及循环资源有效共享，促进园区迈入创新驱动、自主增长的发展轨道。

推动产业循环式组合，围绕龙头企业的"链核"作用，实行产业链招商、补链招商，建设和引进产业链接或延伸的关键项目，合理延伸产业链，推动产业链深化整合、纵向延链、横向加环、侧向带动，推进企业间构建优势互补、分工协作、配套发展的格局；推动产业间与企业间交叉融合，依据园区现有产业结构和资源环境禀赋，引导园区内企业对所需原料及产品进行梳理，逐步形成项目间、企业间、产业间的原料、产品、副产品和肥料之间的上下游供应关系，实现首尾相连、环环相扣、物料闭路循环，发挥产业集聚带来的各种优势。

二、推动园区和集群提能升级，提升产业集群发展水平

经过改革开放40多年的发展，一批具有较强的经济活力、较高的就业水平的集群快速成长，已经培养而且继续孵化出很多创新型企业。但是，一些处在价值链低端的集群出现"逐底竞争"的困境，其创新和升级任务依然艰巨。为了提升现有集群的可持续发展能力，达成园区绿色低碳循环发展目标，还需要实现集群的提能升级。

第一，推进产业园区和产业集群循环化改造。园区是我国工业发展的主要载体，加快园区和产业集群循环化改造，是发展循环经济的重要阵地。制定各地区循环化发展园区清单，按照"一园一策"原则，遵循"空间布局合理化、产业结构最优化、产业链接循环化、资源利用高效化、污染治理集中化、基础设施绿色化、运行管理规范化"的要求，为每个园区量身定制循环化改造方案，建立一批循环化改造试点，带动其他各类产业园区实施循环化改造。进行园区改造效果评估，政府加强监督检查，园区主管部门会同第三方机构对园区低碳绿

色循环发展水平进行持续性跟踪评价，形成有效激励和约束机制，引导企业自觉参与改造。具备条件的省级以上园区于 2025 年底前全部实施循环化改造。

全国范围内园区循环化改造情况

年份	产业副产物累计利用	资源产出效率累计提升（%）			污染物累计减排（%）			
	废固利用率（%）	水资源	能源	土地	SO$_2$	COD	氮氧	氮氧化物
2017 年（11 家）	7	39	37	37	32	32	29	31
2018 年（21 家）	5	35	29	33	34	24	25	30
2019 年（12 家）	7	36	19	32	34	35	22	25
2020 年（25 家）	7	37	29	34	32	23	24	27

数据来源：国家发展改革委、工业和信息化部

　　第二，推动公共设施共建共享。随着市场化竞争加剧，企业不仅希望在园区设置厂房，还需要专业化、效率高、资源整合良好的产业配套、生活配套和公共服务配套，由"管理园区"转向"服务园区"。企业实施清洁生产改造，依法在"双超双有高耗能"行业实施强制性清洁生产审核，通过实施共性技术、集成技术提升工业园区重点行业清洁生产水平。推动能源梯级利用，鼓励建设电、热、冷、气等多种能源协同互济的综合能源项目，提高太阳能、地热能、风能等非化石能源生产消费比重，统筹利用余热余压资源，将各种资源"吃干榨净"。

促进企业废物资源综合利用，形成园区产业循环链接。比如，建立大宗固废、工业废水、废弃电器电子等集中收集处理和回收利用的加工基地，推动废旧资源循环利用，最大限度地实现"变废为宝"。建设园区公共信息服务平台，绿色化、循环化改造园区内生产生活基础设施，促进各类基础设施的共建共享，降低建设和运行成本，提高运行效率，让老园区"旧貌换新颜"，实现绿色低碳循环发展。

第三，发展化工园区。化工行业是资源密集型的高耗能、高污染行业。循环经济发展模式不仅能够降低化工行业的资源消耗，还能够提升废弃物利用率，改善生态环境。化工园区是石油和化学工业高质量发展的重要阵地，也是发展循环经济最有潜力的产业之一。重点打造五大石化产业集群，即《化工园区"十四五"规划指南及 2035 中长期发展展望》（征求意见稿）中指出的环渤海湾石化产业集群、杭州湾石化产业集群、泛大湾区石化产业集群等五大产业集群。要进一步加速化工企业的进区入园，同时做好整个石化行业的化工园区石化基地产业集群的布局，打造承接石化行业高质量发展的重要平台。推动建设绿色化、智慧化和标准化工业园区，鼓励化工等产业园区配套建设危险废物集中贮存、预处理和处置设施，深入推进智慧云平台建设，统筹建立工业经济、园区运行、产业集群发展等大数据系统，健全调度监测机制，提高园区智能化、精细化管理水平。例如，"十四五"期间宁波将投资近 4000 亿元建设一批化工新材料大项目，绿色石化产业产值超过 1 万亿元，建成世界级的绿色石化产业集群。[①]

---

① 参见《宁波将投 4000 亿元打造万亿级绿色石化产业集群》，新华网 2020 年 9 月 26 日。

第 六 节

▼

构建绿色供应链

绿色供应链管理将全生命周期管理、生产者责任延伸理念融入传统的供应链管理工作中，依托上下游企业间的供应关系，以核心企业为支点，通过绿色供应商管理、绿色采购等工作，推动链上企业持续提升环境绩效，进而扩大绿色产品供给，助力消费升级。[①] 习近平总书记指出："产业链、供应链在关键时刻不能掉链子，这是大国经济必须具备的重要特征。"[②] 绿色供应链能够有效调动全产业链系统性节能减碳、保障产业链供应链安全稳定，是推动制造业绿色发展的重要抓手，对我国实现"双碳"目标至关重要。

一、把绿色发展理念贯穿全供应链，实现产品全周期绿色环保

供应链能够通过供应选择，双向影响生产和消费环节。绿色供应链是绿色制造体系的关键一环。随着市场分工的不断深化，单纯依靠供应链上某一环节无法解决许多环境问题。必须以"绿色"发展为引领，从供应链环节入手，实现供应端、物流端、消费端、数据端和回

---

① 参见《中国绿色供应链发展报告（2019）》，工业和信息化部网站 2020 年 7 月 7 日。

② 习近平：《国家中长期经济社会发展战略若干重大问题》，《求是》2020 年第 21 期。

收端"五端"闭合，推动产业链协同、共赢与高质量发展，助力"绿色"发展。

绿色供应链的构成体

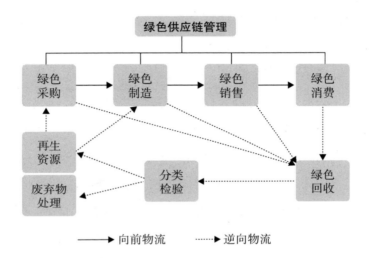

第一，把绿色发展理念贯穿全供应链。绿色供应链要求的是全生命周期的绿色，开展"从摇篮到摇篮"的循环经济实践，提升企业及供应链竞争力。开展绿色设计，要求企业在产品及包装设计阶段，统筹考虑原材料、设备、工艺、消费、回收及处理等环节的环境影响，减少产品生命周期碳足迹。实施绿色采购。绿色采购在绿色供应链管理中发挥着重要作用，链上相关企业绿色采购占比越高，终端绿色产品就会更加绿色。推行绿色包装，使用可持续材料，开发更小更轻的包装，减少包装，再利用废弃包装。大力开展绿色运输。绿色运输在供应链上起着不可或缺的作用，在配送货物环节，优先选择智能交通等绿色物流。做好绿色回收，对回收后的残次品、废旧品或者零部件，进行整体或部分再利用，可以延长产品使用寿命，减少新产品带来的资源环境影响。

第二，鼓励中小企业参与。推动绿色供应链目标的实现需要大企业和中小企业共同参与。我国绿色供应链实践起步较晚，广大的中小企业对什么是绿色供应链的认识存在偏差，更不知如何去做，参与度并不高，一旦上游企业出现环保违规，可能会出现"劣币驱逐良币"而导致停产的风险。中小企业要针对大企业的要求开展绿色供应链建设。加强重点引导，编制重点行业部分绿色供应链管理典型案例，推广行之有效的做法和宝贵经验，使中小企业关注和打造绿色供应链。引导绿色供应链建设的标准体系逐步完善。我国绿色供应链实践在不断创新和进步，标准体系必须与时俱进，为企业打造绿色供应链提供模式参考。通过财政、税收、价格、采购等相关政策向中小企业倾斜，使中小企业在打造绿色供应链中受益，营造绿色生产和绿色消费氛围。

二、开展绿色供应链试点，探索建立绿色供应链制度体系

我国政府先后出台了一系列政策推动绿色供应链示范城市和示范企业发展，已经建立了一批示范点，呈现蓬勃发展态势。2021年国务院提出，"选择100家左右积极性高、社会影响大、带动作用强的企业开展绿色供应链试点，探索建立绿色供应链制度体系"[①]。各地区发展条件、发展政策和发展定位不同，必须分行业、分地域制定绿色供应链管理实施方案，开展先行先试，逐步扩大绿色供应链管理实践

---

① 《关于加快建立健全绿色低碳循环发展经济体系的指导意见》，中国政府网 2021 年 2 月 22 日。

范围、建设范围和影响力。

第一，鼓励地方开展先行先试。2018 年以前，全国有 4 个绿色供应链试点城市；2018 年实现了 55 个城市的跨越式增长。这些城市结合地方产业特色形成了各具特色的绿色供应链示范管理模式，为中央层面政策的制定和相关工作的开展积累了经验、奠定了扎实的基础。试点城市出台政策措施，根据实际制定印发"绿色制造体系建设实施方案"。加大资金支持，可对获得认定的示范企业给予资金奖励。例如，对于被列入国家绿色供应链管理示范名单的企业，有的城市一次性给予 60 万元的资金奖励，鼓励企业积极创建和申报。优化公共服务，开展多元化绿色低碳咨询和培训服务、积极组织和参与国内外重要研讨交流活动、加快绿色产品信息数据平台建设等，逐步形成了跨区域、跨部门、跨产业的服务机制。

我国 55 个绿色供应链试点城市

分布区域	入选城市	特色产业
东北地区	大连、鞍山、营口、长春、梅河口、哈尔滨、绥化	哈尔滨的装备制造业、长春的汽车产业、梅河口的干果产业等
环渤海地区	北京、石家庄、青岛、东营、临沂、威海、烟台、寿光	北京的科技创新产业、石家庄的商贸物流、寿光的蔬菜流通产业等
中部地区	太原、赣州、景德镇、焦作、商丘、许昌、中国（河南）自由贸易区、武汉、襄阳、湘潭	河南自贸区的现代服务业和先进制造业、景德镇的陶瓷产业、商丘的农产品加工及流通产业等
长三角	上海、南京、张家港、杭州、宁波、舟山、义乌、芜湖、亳州	义乌的小商品流通、杭州的电商、上海的汽车制造和信息产业等

续表

分布区域	入选城市	特色产业
华南地区	中国（福建）自由贸易试验区厦门片区、广州、深圳、东莞、中国（广东）自由贸易试验区深圳前海蛇口片区、海口	厦门片区的商贸和航运物流、深圳的电子信息和现代服务业、广州的汽车制造等
西部地区	包头、南宁、柳州、成都、广安、泸州、贵阳、毕节、昆明、西安、渭南、定西、西宁、银川、奎屯	成都的电子信息、柳州的汽车制造、包头的稀有金属、贵阳的大数据等

　　第二，引导企业践行绿色供应链管理。2020年10月，工信部公布了五批绿色制造名单。目前，我国绿色产业供应链管理主要集中在电子电器、家具、制鞋、造纸和机械制造等行业。在行业内，遴选出绿色供应链最佳实践企业，能够推动产业链上企业低碳循环，而且产生示范动力和动能，带动同行打造绿色供应链，形成产业效应。做好整体布局，绿色供应链节点上的企业都是彼此关联的。根据"抓大放小"的原则，加强上下游企业协同，通过搭建供应链信息管理平台，实现企业、经销商、服务商和客户达成信息共享、资源协同、业务协作，实现资源要素的高效整合和精准匹配，让"棋盘"上的"棋子"活起来。发挥核心龙头企业的作用，加快物联网、大数据、5G、人工智能等现代信息技术应用，做好自身的节能减排和环境保护工作，引领带动供应链上下游企业持续提高资源能源利用效率，形成"以点带线、以线带面"的格局。试点企业主动承担社会责任，实施伙伴式供应商管理，在原材料供应、重点项目实施进度、预付款比例、及时结算支付等方面照顾链上中小企业，减轻它们的技术、设备、资金等压力，推动上下游企业共同绿色发展。

5 健全绿色低碳循环发展的流通体系

　　产业、流通和消费的升级相互协同、相互支撑。如果没有流通体系效率的提升，必然会影响产业和消费的创新发展后劲。"流通体系在国民经济中发挥着基础性作用，构建新发展格局，必须把建设现代流通体系作为一项重要战略任务来抓。"① 而在绿色经济体系中，所有的创新都应该是绿色的。因此，流通体系的创新就在于绿色低碳循环发展。2021 年 2 月，国务院印发的《关于加快建立健全绿色低碳循环发展经济体系的指导意见》明确指出，健全绿色低碳循环发展的流通体系，要从打造绿色物流、加强再生资源回收利用和建立绿色贸易体系三个方面着手。

---

　　① 陈炜伟、魏玉坤、谢希瑶：《以现代流通体系建设支撑构建新发展格局——解读中央财经委员会新部署》，新华网 2020 年 9 月 10 日。

第 一 节

▼

打造绿色物流

绿色物流，是指通过充分利用物流相关资源、采用先进的物流技术，合理规划并实施运输、装卸、包装、储存、流通加工、信息处理、搬运、配送等活动，降低物流对环境影响的过程。

一、积极调整运输结构，推进铁水、公铁、公水等多式联运，加快铁路专用线建设

运输结构是指运输部门内外部相互联系的各个方面和环节的有机比例和构成。中共中央、国务院印发的《交通强国建设纲要》强调，要打造绿色高效的现代物流系统，推动铁水、公铁、公水、空陆等联运发展，推广跨方式快速换装转运标准化设施设备，形成统一的多式联运标准和规则。[①]

多式联运是指水路、公路、铁路和航空交通工具相互衔接转运的运输模式。多式联运"一单制"，是指"一次委托、一次付费、一单到底"的全程管控服务。铁水联运是当前世界上最先进的多式联运方式之一。铁路具有大能力、低成本、节能环保等技术经济比较优势，

[①]《中共中央　国务院印发〈交通强国建设纲要〉》，新华网 2019 年 9 月 19 日。

是符合我国国情和可持续发展的绿色交通方式。近年来，在铁路运输量大幅增加的情况下，铁路污染物排放量大幅下降，实现了增产不增污。因此，增加铁路运量是推进运输结构调整的有效举措。铁水联运可以让集装箱"坐"着火车进入港区，实现火车与轮船无缝衔接，既省时省力，又省成本。① 发展铁水联运，可减少运输环节污染物排放。湖北省境内已有武汉阳逻港铁水联运、黄石新港铁水联运等五个铁水联运示范项目，列入国家多式联运示范工程。2016 年，武汉阳逻港铁水联运一期基地入选国家多式联运示范项目，2019 年较过去节省物流成本 35% 以上。

公铁联运是公路与铁路两种运输方式的联合运输，是指根据一个公铁联运的合同，由全程运输经营人把货物从接管地点运送至指定地点进行交付的国内货物运输。在国内物流中，公路和铁路作为运输上的两大巨头，其营运在各类运输中占了相当大的比重。近 10 年来，我国水路、公路货运量基本保持稳定增长的趋势，铁路的货运量呈现出上升、下降、再上升的态势。据统计，2020 年全国公路、铁路、水路（不含远洋）、航空、管道共完成货运量 464.4 亿吨、货运周转量 19.67 万亿吨千米，其中铁路货运量占比为 9.8%，公路货运量占比为 73.79%，民航货运量占比为 0.01%，水路货运量占比为 16.4%。

公水联运是指陆路和水路之间的联运，包括铁路和水路联运、公路和水路联运、管道和水路联运，具有成本低、低碳、灵活、方便的特点。2020 年 12 月，北京平谷与天津港之间的海铁联运通道正式开启，此举相当于把天津港搬到了北京平谷马坊，北京进出口货品的检

---

① 参见《武汉铁水联运二期工程开工建设》，央广网 2020 年 8 月 2 日。

2021年全社会营业性货运量分运输方式构成

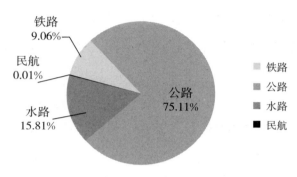

数据来源：国家统计局

疫、报关可以直接在马坊完成，节约了客商的时间。[①]

铁路专用线是打通末端微循环、畅通多式联运"最后一公里"的重要基础。铁路专用线是由企业或者其他相关单位管理的、与国家铁路或其他铁路线路接轨的岔线。2019年9月，国家发展改革委等五部门联合印发《关于加快推进铁路专用线建设的指导意见》，要求到2025年，沿海主要港口、大宗货物年运量150万吨以上的大型工矿企业、新建物流园区铁路专用线力争接入比例均达到85%，长江干线主要港口全部实现铁路进港。[②]

自2017年以来，我国运输结构调整工作取得了明显成效。2019年，我国铁路货运量比2017年增长了7亿吨；水路货运量10年来年均增长9.5%；集装箱的铁水联运量年均增长了30%左右，集装箱铁

---

① 参见万红：《京津打造驻平谷绿色物流"双中心"》，《天津日报》2020年12月29日。

② 参见安蓓：《今明两年我国规划建设127个铁路专用线重点项目》，新华网2019年10月5日。

水联运比例由 2016 年的 1.25% 增长到了 2019 年的 1.97%。"十四五"期间，我们还应进一步加大运输结构调整工作力度，加快构建"宜铁则铁、宜公则公、宜水则水"的综合运输服务新格局。

二、加强物流运输组织管理，加快相关公共信息平台建设和信息共享，发展甩挂运输、共同配送

社会物流成本是国民经济发展质量的综合体现。道路货运业在长期的粗放型发展中累积了较多矛盾，低下的运输组织效率、居高不下的单位运输成本仍然是亟待解决的"短板"。利用"互联网+"等新业态、新模式进行"多、散、小"的货运资源集约整合，加快促进行业转型升级和高质量发展将是大势所趋。[①] 物流信息化平台建设的首要意义在于有助于提高物流的工作效率，进而提升整个社会的工作效率。

甩挂运输指的是牵引车按照预定的货运计划，将拖挂的挂车运到指定目的地，牵引车和挂车分离，分别进行作业任务，挂车进行装卸货作业，牵引车继续拖挂其他挂车执行下一个运输任务的组织方式。甩挂运输方式可以大大缩短牵引车的停歇时间，从而提高运输效能。[②] 甩挂运输正逐渐成为长途运输的主角。目前，国家邮政局积极鼓励寄递企业加快推广甩挂运输、多式联运等先进运输组织模式，2020 年邮政企业的一级干线甩挂邮路已占近 80%。与传统车型相比，高动力挂车使挂车的装载能力提升了一倍多，单位快件排放的污染物减少了 70% 以上，燃油消耗能降低 55% 以上。[③]

---

① 参见《利用"互联网+"促进货运资源集约整合》，《工人日报》2019 年 11 月 1 日。
② 参见石相团、杨扬、李莉诗《甩挂运输研究综述》，《物流科技》2019 年第 8 期。
③ 参见李心萍：《物流业，绿色更浓》，《人民日报》2020 年 7 月 4 日。

共同配送是指多家配送客户集中进行运输和配送，以提高配送效率、降低物流成本，从而使物流配送资源利用合理化。[1]共同配送还是我国聚焦农产品进城"最初一公里"和消费品下乡"最后一公里"，进一步提升农村寄递服务能力和效率的重要举措。[2]

三、推广绿色低碳运输工具，淘汰更新或改造老旧车船

全球二氧化碳排放量约有 25% 来自交通运输。低碳运输是一种高能效、低污染、低排放、低能耗的交通发展方式，是指以减少资源消耗、降低污染物排放为目标，通过面向环境的管理理念和先进的物流技术，对物流过程进行系统的规划、控制、管理和实施，提高交通运输能源使用效率，优化交通运输能源结构，使交通基础设施、公共运输系统减少碳排放。

第一，推广绿色低碳运输工具。2019 年 9 月，中共中央、国务院印发《交通强国建设纲要》，强调要强化节能减排和污染防治。优化交通能源结构，推进新能源、清洁能源应用，促进公路货运节能减排，推动城市公共交通工具和城市物流配送车辆全部实现电动化、新能源化和清洁化。打好柴油货车污染治理攻坚战，统筹油、路、车治理，有效防治公路运输造成的大气污染。严格执行国家和地方污染物控制标准及船舶排放区要求，推进船舶、港口污染防治。降低交通沿线噪声、振动，妥善处理好大型机场噪声影响。开展绿色出行行动，倡导绿色低碳出行理

---

① 参见王汉新、高晓星、初汉芳：《城市共同配送促进策略研究与实证分析》，《河北地质大学学报》2019 年第 3 期。

② 参见《国务院办公厅印发〈关于加快农村寄递物流体系建设的意见〉》，新华网2021 年 8 月 21 日。

念。① 根据商务部统计数据，新能源汽车销量大幅增长，2021 年累计销售 352.1 万辆。2021 年以来，商务部向各地商务主管部门印发了《商务领域促进汽车消费工作指引》，下一步将组织开展新一轮新能源汽车下乡活动，淘汰更新或改造老旧车型。2020 年 8 月，正是国二、国三车型面临淘汰之际，为了鼓励车主将报废车进行正常报废，全国各地都针对报废车进行了一系列补贴。2021 年 1 月至 8 月，全国报废机动车回收量达到 183 万辆，同比增长 36.8%，比 2019 年同期增长 25.5%。

2015—2021 年中国新能源汽车销量及其增长速度

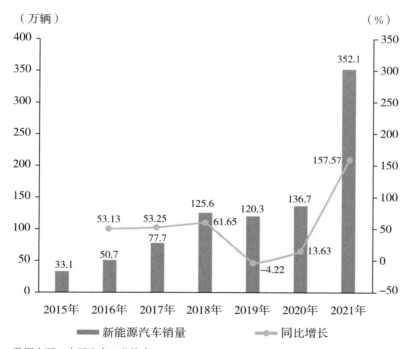

数据来源：中国汽车工业协会

---

① 参见《中共中央 国务院印发〈交通强国建设纲要〉》，新华网 2019 年 9 月 19 日。

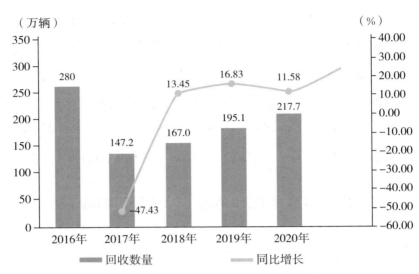

2016—2020 年我国汽车回收数量及增长速度

数据来源：商务部

第二，加大推广绿色船舶示范应用力度，推进内河船型标准化。绿色船舶是指采用相对先进的技术（绿色技术）在其生命周期内能经济地满足其预定功能和性能，同时提高能源使用的效率、减少或者消除环境污染，并对操作、使用人员具有良好保护功能的船舶。2019年 9 月，中共中央、国务院印发《交通强国建设纲要》，强调要加强新型载运工具研发。强化大中型邮轮、大型液化天然气船、极地航行船舶、智能船舶、新能源船舶等自主设计建造能力。①2017 年修改后公布的《老旧运输船舶管理规定》按照船龄对不同类型的老旧船舶作了分类，对船舶购置、光租、改建管理、船舶营运管理、监督和处罚等作了详细的规定。2011 年出台的《国务院关于加快长江等内河水

① 参见《中共中央　国务院印发〈交通强国建设纲要〉》，新华网 2019 年 9 月 19 日。

运发展的意见》强调，要构建高效的内河水运体系。实施船型标准化，严格船舶更新报废制度，以长江干线、西江航运干线、京杭运河为重点，加快船舶运力结构调整。各级人民政府要进一步加大对内河水运建设和维护的投入，安排一定资金，引导船型标准化和提前淘汰老旧运输船舶。

第三，港口和机场服务、城市物流配送、邮政快递等领域优先使用新能源或清洁能源汽车。截至 2019 年底，全国新能源公交车超过 40 万辆，铁路的电气化比例达到了 71.9%，新能源出租汽车超过 14 万辆，天然气运营车辆超过 18 万辆，新能源城市物流配送车达到 43 万辆，约 14% 的机场车辆设备采用了新能源，建成了 290 余艘液化天然气动力船舶。[①] 加快更新淘汰高能耗、高排放、老旧的施工机械以及营运车辆，实施了机动车排放检测与强制维护制度。在长江干线等水域以及沿海设立了船舶大气污染物排放控制区，推动船舶加装尾气污染治理装备，加大了其使用清洁能源的比例。在全国沿海开展"碧海行动"，打捞存在污染环境风险的沉物、沉船。[②]

四、加快港口岸电设施建设，支持机场开展飞机辅助动力装置替代设备建设和应用

据不完全统计，靠港船舶的辅机发电碳排放量占港口总碳排量的40%—70%，是影响港口及其城市空气质量的重要因素。港口岸电设施是用以替代船舶自带的燃油辅机，将岸上的电力供给靠港船舶的设

① 参见《中国交通的可持续发展》白皮书，中国政府网 2020 年 12 月 22 日。
② 同上。

备系统，以保障船上生活设施和生产作业等电气设备用电需求。以南方电网的首个高压港口岸电为例，据测算，该项目正式建成投用后，停靠船舶能节约 100 万余元成本，减排二氧化碳 5620 吨、污染物 38 吨（包括氮氧化物、一氧化碳、PM 污染物等）。[①] 使用岸电设施还可消除船舶自备发电机组产生的噪声，使港区居民以及船员的生活、工作环境更舒适。截至 2020 年底，全国已超额完成 2017 年发布的《港口岸电布局方案》中提出的建设任务。

2021 年 6 月，交通运输部部长指出，通过持续努力，力争到 2025 年底前，船舶受电设施安装率大幅提高，港口和船舶岸电设施匹配度显著提升，岸电使用成本进一步降低，岸电服务更加优质，岸电监管进一步严格规范，基本实现长江经济带船舶靠港使用岸电常态化，推动长江航运绿色低碳发展。[②]

辅助动力装置（APU）是指航空器上主动力装置（发动机）之外可独立供电或输出压缩空气的小型辅助动力设备。飞机起飞前，利用 APU 保障驾驶舱、客舱内的空调、照明，为主发动机启动供电、供气，可以保证发动机功率全部用于地面加速、爬升，从而改善起飞性能，减少对机场设备的依赖。飞行中若主发动机或者发电装置出现故障，APU 可以提供应急能源，提升飞行的安全性。飞机降落后使用 APU，可以使主发动机提前关闭，降低噪声、节省燃油。大型直升机以及大中型飞机上都装有 APU。

---

① 参见邓圩:《南方电网首个高压"港口岸电"项目在珠海投用》，人民网 2016 年 12 月 22 日。

② 参见乔雪峰:《多部门加快港口岸电设施建设 积极推进碳达峰碳中和》，人民网 2021 年 8 月 18 日。

机场桥载设备是在机场代替 APU 为飞机供电的设备，可有效减少 APU 使用燃油导致的有害气体排放。飞机落地后启动 APU，飞机滑行到机位后关闭所有发动机，APU 开始供电，靠接廊桥后接入桥载电气源，关闭 APU。据宜昌三峡机场的数据，相比传统航油发电，利用廊桥岸电系统每年可以减少航油消耗 2000 余吨，减少有害气体排放 6400 余吨，直接用能的成本降低 2/3 以上。此外，机场桥载设备还能够有效减少飞机的噪声和震动，有效提升旅客乘机的舒适度。2020 年，全国机场的桥载电源使用率已经达到 100%。

五、支持物流企业构建数字化运营平台，鼓励发展智慧仓储、智慧运输，推动建立标准化托盘循环共用制度

物流数字化运营平台主要是从业务操作系统、数智化决策、网络货运平台三个方面帮助物流企业实现数字化。物流行业数字化运营解决方案，是基于大数据、物联网与人工智能等前沿技术，实现物流、信息流、证据流、资金流、票据流的融会贯通，为企业提供智能运输管理、在途可视化、单据无纸化、数字化运营的全链智能、高效、协同、一体化的物流服务，实现生产企业实时把控物流及物流企业的降本增效。

智慧仓储是一种仓储管理理念，是通过信息化、物联网和机电一体化共同实现的智慧物流，能够降低仓储成本、提高运营效率、提升仓储管理能力。智慧仓储采用自动化立体库。自动化立体库是指用立体仓库实现高层存储、自动存取，其构成为立体货架、堆垛机、输送机、搬运设备、托盘、管理信息系统及其他设备。自动化立体库发展可以有效地解决仓储行业占用大量土地及人力的状况，实现仓储的自

动化、智能化，并且降低仓储运营和管理成本，提高物流效率。

托盘作为物流产业在 20 世纪的关键性创新之一，是物流机械化、自动化作业的基础工具，是物流运作过程中重要的装卸、储存和运输集装设备。在当前的市场环境下，落实标准托盘循环共用制度，可以实现两方面价值：横向上，不同企业通过循环使用标准托盘，既减少了对木材的需求，也降低了成本；纵向上，通过标准化托盘在供应链上下游的流转，促进带板运输的发展，实现货物从供应链的上游到末端的一体化作业，有效降低人工作业成本，提升车辆的流转效率，提高仓库利用率，加快货物流通，降低产品在流通环节的破损率。[①]

---

① 参见张颖川：《"携手推进标准托盘循环共用"——对话招商路凯（大中华）总经理戴正楠》，《物流技术与应用》2018 年第 3 期。

加强再生资源回收利用

再生资源回收是物资循环利用的一种经济发展模式。在当前原生资源日益短缺、开采成本不断上升、价格逐渐攀升的条件下，再生资源回收利用既能降低成本，又能减少碳排放和污染物排放，还可为经济建设提供保障，无疑是实现碳达峰和碳中和的重要方式。

一、推进垃圾分类回收与再生资源回收"两网融合"，鼓励地方建立再生资源区域交易中心

《中共中央关于制定国民经济和社会发展第十四个五年规划和二〇三五年远景目标的建议》提出，"十四五"时期要"推动绿色发展，促进人与自然和谐共生"，强调"全面提高资源利用效率"。其工作举措包括：推行垃圾分类和减量化、资源化。加快构建废旧物资循环利用体系。推动餐厨废弃物、建筑垃圾、包装废弃物等资源化利用和无害化处置，加强生活垃圾分类回收与再生资源回收体系的有机衔接，推进生产和生活系统循环链接，因地制宜推动工业生产过程协同处理生活废弃物。

垃圾分类，一般是指按照一定标准和规定，对垃圾进行分类储存、搬运、投放，使其转变为公共资源的系列活动，主要目的是提高垃圾

的资源价值以及经济价值，减少垃圾处理量以及处理设备使用，降低垃圾处理成本，减少土地资源消耗，具有经济、社会、生态等几个方面的效益。

可回收垃圾主要包括废塑料、废纸、废金属、废玻璃和废布料五类。通过垃圾的综合处理和回收利用，可节省资源，减少污染。数据显示，每回收 1 吨废纸可造好纸 850 千克，节省木材 300 千克，比等量生产减少污染 74%；每回收 1 吨塑料饮料瓶可获得 0.7 吨二级原料；每回收 1 吨废钢铁可炼好钢 0.9 吨，比用矿石冶炼节约成本 47%，减少空气污染 75%，减少 97% 的水污染和固体废物。[①] 对于含有有毒物质、重金属以及可对环境造成潜在危害或者现实危害的有害垃圾，如油漆桶、荧光灯管、电池、水银温度计、灯泡、过期药品及其容器、过期化妆品、部分家电等，则一般进行单独回收或者填埋处理。

可回收垃圾

---

① 参见陈海彬、周文平：《岳池开展农村生活垃圾分类行动》，《广安日报》2019 年 6 月 21 日。

2017 年 3 月，国家发展改革委、住建部联合发布《生活垃圾分类制度实施方案》，要求全国 46 个重点城市率先实施生活垃圾强制分类。各地出台了 70 余部专门针对生活垃圾分类的地方性法规和规章，其中北京市是首个立法城市。2019 年 4 月 26 日，住房和城乡建设部等九部门联合印发的《关于在全国地级及以上城市全面开展生活垃圾分类工作的通知》要求，从 2019 年起在全国地级及以上城市全面启动生活垃圾分类工作；到 2020 年，46 个重点城市基本建成生活垃圾分类处理系统；到 2025 年，全国地级及以上城市基本建成生活垃圾分类处理系统。① 到 2020 年 12 月初，先行先试的 46 个重点城市厨余垃圾处理能力从 2019 年的每天 3.47 万吨提升到每天 6.28 万吨，生活垃圾回收利用率平均为 30.4%，有 15 个城市达到或超过 35%，生活垃圾分类居民小区覆盖率达到 86.6%。在 46 个重点城市的示范引领下，其他地级及以上城市全部制定出台实施方案，并全面启动了生活垃圾分类工作。

2020 年 4 月，十三届全国人大常委会第十七次会议审议通过了修订后的《中华人民共和国固体废物污染环境防治法》，确立了减量化、资源化和无害化原则，明确了生活垃圾分类、禁止固体废物进口等中央改革任务有关规定，对工业固体废物、生活垃圾、建筑垃圾和农业固体废物等进行分类管理，填补了快递包装、医疗废物等管理制度的空白。②《关于进一步加强塑料污染治理的意见》从加强塑料废弃物的回收和清运、推进资源化能源化利用、开展塑料垃圾专项清理等

① 参见《上海今起执行"最严垃圾分类"：个人扔错最高罚 200》，新华网 2019 年 7 月 1 日。
② 参见《"无废社会"建设迈出新步伐》，《中国环境报》2021 年 1 月 14 日。

方面提出具体措施。

同时，生态环境部不断完善国内固体废物回收利用体系，培育国内固体废物加工利用产业，加快推进城乡垃圾分类，不断提升再生资源回收利用率，稳步提升固体废物回收利用水平。为此，还制定发布了再生钢铁原料、再生铜原料等国家产品质量标准，规范和引导企业只进口符合产品质量标准的再生原料。2020年，全国再生资源回收总量达到3.7亿吨，比改革前的2016年增加了1.1亿吨，增长幅度为42%。

鼓励地方建立再生资源区域交易中心。再生资源区域交易中心是指再生资源的集散地以及交易中心，它是建立规范的再生资源回收体系的重要环节。再生资源交易中心的建设应该符合城市的总体规划，符合城市服务功能以及环保要求。根据行业的特点，再生资源交易中心应当远离居民区、商务区，而废旧物资的产地又多集中在人口密集区和工业区，因此，确定再生资源交易中心的位置时既要考虑不影响城市环境及居民生活，又要考虑应便于物资的集散、运输和有利经营。再生资源交易中心如果数量太少则不利于再生资源交售和集散，数量太多又不便于统一管理。中心建设要兼顾统筹数量、位置、布局等多个因素，避免重复建设，防止资源浪费。

加快构建废旧物资循环利用体系。加强废纸、废塑料、废旧轮胎、废金属、废玻璃等再生资源回收利用，提升资源产出率和回收利用率。从全国来看，大部分地区已建立起以回收网点、分拣中心、集散市场（回收利用基地）为核心的三位一体的废旧物资回收网络。据不完全统计，河北、山西、辽宁、重庆、厦门、宁波、大连、青岛等22地，目前已形成回收网点约15.96万个，分拣中心1837个，集散市场266

个，分拣集聚区 63 个，回收网络已初具雏形。一批龙头企业迅速发展壮大，创新能力、品牌影响力和示范带动作用不断凸显，垃圾分类与再生资源回收衔接模式、"互联网＋回收"模式、手机 App 或热线平台服务模式逐步成熟，集回收、分拣、集散于一体的再生资源回收体系逐渐完善。

二、加快落实生产者责任延伸制度，引导生产企业建立逆向物流回收体系

生产者责任延伸制度是指将生产者对其产品承担的资源环境责任从生产环节延伸到产品设计、流通消费、回收利用、废物处置等全生命周期的制度。2020 年 3 月 3 日中共中央办公厅、国务院办公厅印发的《关于构建现代环境治理体系的指导意见》提出，推进生产服务绿色化，要从源头出发，优化原料投入，依法依规淘汰落后的生产工艺及技术。落实生产者责任延伸制度，正是一种以落实绿色消费倒逼生产方式绿色转型的有效方式，可以促进构建企业以及社会绿色供应链，推进绿色采购、绿色包装、绿色物流以及绿色回收，大幅度减少生产、流通过程中的资源能源消耗以及污染物排放，实现从源头上减少资源浪费。

2016 年 12 月国务院办公厅印发的《生产者责任延伸制度推行方案》明确，到 2020 年，生产者责任延伸制度相关政策体系初步形成，产品生态设计取得重大进展，重点品种的废弃产品规范回收与循环利用率平均达到 40%。到 2025 年，生产者责任延伸制度相关法律法规基本完善，重点领域生产者责任延伸制度运行有序，产品生态设计普遍推行，重点产品的再生原料使用比例达到 20%，废弃产品规范回收

与循环利用率平均达到 50%。2017 年 10 月发布的《国务院办公厅关于积极推进供应链创新与应用的指导意见》强调，落实生产者责任延伸制度，重点针对电器电子、汽车产品、轮胎、蓄电池和包装物等产品，优化供应链逆向物流网点布局，促进产品回收和再制造发展。近年来，我国在部分电器电子产品领域探索实行生产者责任延伸制度，取得了较好效果。对有关经验和做法应进行复制和推广。

生产者责任延伸制度下企业之间的关系（以新能源汽车为例）

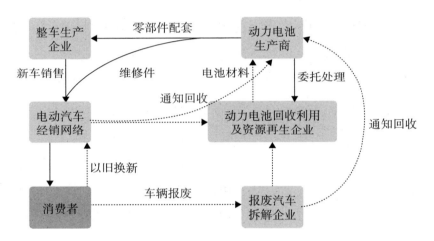

落实生产者责任延伸制度，主要是引导生产企业建立逆向物流回收体系。逆向物流回收系统是"资源—产品—再生资源"的闭环型物质流动系统，主要包括物品收集、检测与分类、再加工、重新配送和运输等业务。

三、鼓励企业采用现代信息技术，实现废旧物回收线上与线下有机结合，培育新型商业模式，打造龙头企业，提升行业整体竞争力

如今，"互联网＋回收"加快融合发展，市民只需要用手机 App 就可以解决废旧物回收利用问题。部分再生资源回收企业运用互联网和大数据建立了高效便捷的再生资源回收交易服务平台，开展信息采集、流向监控和数据分析，通过二维码等物联网技术跟踪产品及其废弃物去向，逐步整合其物流资源，梳理回收的渠道，优化回收网点的布局，使供需双方能够快速获得信息匹配，实现上下游企业间的智能化物流。从而完善再生资源回收体系，促使再生资源交易由线下向"线上＋线下"结合转型升级，减少回收环节，给百姓的生活带来了方便，降低了回收成本，提升了再生资源的回收效率。"互联网＋废品回收"把废品回收行业由"街头游击队"转变成"正规军"，通过企业化运营、专业化运作这样一套模式可以使废品回收渠道更畅通，废品流向更精准，不但能节省环卫部门在生活垃圾收集、转运、处理过程中的费用，更能从源头上推动城市生活垃圾减量化、资源化利用，助力城市垃圾分类。

现在，多地推行了通过互联网进行垃圾分类回收的方式。北京市多个城区探索建立了积分奖励系统、政府购买服务、垃圾分类与再生资源回收两网融合等方式，让"互联网＋垃圾分类回收"走进了寻常百姓家。上海市的"互联网＋垃圾回收"已成为创新的标杆项目，长三角地区纷纷效仿。在广东，广州市、深圳市建立了 App 移动平台，实现了垃圾分类的信息化管理。随着互联网技术发展，垃圾分类

回收已突破了地域的限制。2019 年初，支付宝添加了"垃圾分类回收平台"功能，针对低价值回收品，可按照重量兑换"能量"，随后在环保商城根据累计的"能量"可以兑换实物或优惠券。在 2019 年 4 月召开的第二十届中国环博会上，第一次专门为智能垃圾分类开辟了展区。①

针对废旧物回收引发的新需求，要注重培育新型商业模式，要扶持培育回收网络健全、产业规模较大、经营管理规范的龙头企业，加大技术研发力度，促进分拣的自动化和精细化，按照土地集约、生态环保原则，建设一批分拣中心试点，推动再生资源回收行业集聚化规模化发展，进而提升整个废物回收行业的整体竞争力。

四、完善废旧家电回收处理体系，推广典型回收模式和经验做法

截至 2020 年 7 月，我国家电保有量已超过 21 亿台，家电报废高峰期逐步到来。近年来我国每年淘汰的废旧家电数量已达 1 亿—1.2 亿台，并且以年均 20% 的幅度增长。废旧家电具有资源性、污染性，有的包含橡胶、有色金属，有的包含金、银等贵金属，有的含有铅、汞等有毒、有害物质。如果处理得当，它们就是可利用的资源；如果处理不当，则会威胁自然生态环境，甚至危害人体健康。②

从整体上看，我国陆续出台了相关政策来规范废旧家电的回收拆解，推动相关工作取得长足进步。2009 年，国务院颁布了《废弃电

---

① 参见《垃圾分类如何"智能又时尚"》，《人民日报海外版》2019 年 6 月 12 日。
② 参见《完善废旧家电回收处理体系》，《人民日报》2020 年 7 月 6 日。

器电子产品回收处理管理条例》，明确了废弃电器电子产品处理目录制度、多渠道回收和集中处理制度、规划制度、资格许可制度及建立废弃电器电子产品处理基金，共同构成了我国废弃电器电子产品回收处理管理框架。2010年，国家发布《废弃电器电子产品处理目录》（第一批），将电视机、电冰箱、洗衣机、房间空调器、微型计算机等五类产品（简称"四机一脑"）的回收处理管理纳入法制化轨道。根据《废弃电器电子产品回收处理管理条例》规定，2015年2月9日，国家发展改革委等六部门联合发布《废弃电器电子产品处理目录（2014年版）》，在第一批目录产品"四机一脑"的基础上，新增吸油烟机、燃气热水器、电热水器、复印机、打印机、传真机、移动通信手持机、监视器、电话单机等九类废弃电器电子产品。为指导和规范这九类产品拆解处理工作，进一步强化全国废弃电器电子产品环境管理，2021年9月10日，生态环境部发布《吸油烟机等九类废弃电器电子产品处理环境管理与污染防治指南》。①

从生产者责任延伸制度角度出发，我国于2012年设立了废弃电器电子产品的处理基金，向电器电子产品的生产者收缴资金，以补贴废弃电器及电子产品的回收处理企业。在基金的激励下，全国建成了109家废弃电器和电子产品处理企业，有力地推动了节能和资源综合利用事业的发展。但由于废旧家电积存量太大，实际的报废量远大于预估值，基金付款无法满足实际需求。②

山东中绿资源再生有限公司是家电年拆解量在全国名列前茅的回

---

① 参见《关于"废弃电器电子产品处理"问题答记者问》，生态环境部微信公众号2021年10月2日。

② 参见《完善废旧家电回收处理体系》，《人民日报》2020年7月6日。

收企业。该公司的总经理介绍，他们收到的废旧家电中，通过销售企业以旧换新途径回收的家电只占约 10%，利用公共机构定点回收的只占约 5%，而其余的大部分家电都是通过社会渠道回收的。正规的回收企业受制于环境成本和运营成本等，很难大规模设立收购网点，也没办法给出更高的回收价格，而且很难被社会所熟知，所以多数废旧家电都被小商贩所回收。据统计，与每年 1.8 亿台的废旧家电理论处理能力形成鲜明对比的是，回收企业在 2019 年的实际处理量仅为 8000 万台左右。① 结果，"退休"的家电中质量稍好的经过修理后流入二手市场；质量较差的家电中有价值的零部件被拆解下来后，剩余的部分才会进入拆解厂。大量的个体回收者、非正规拆解的小作坊占据了产业链两端，部分个体回收人员对废旧家电作简单的拆解后，把其余的部分随意丢弃，使其中部分有价值的零件和材料没有得到有效利用，也造成了环境污染。还有一些小作坊将废旧家电简单加工后就重新包装成新家电进行销售，带来了安全隐患。行业数据显示，尽管以旧换新、地方政府回收、专业回收商回收等渠道呈现出多元化发展的态势，但仍然难以撼动个体回收渠道的主体地位。② 2020 年，国家发展改革委等七部门联合印发《关于完善废旧家电回收处理体系　推动家电更新消费的实施方案》。以此为契机，全国上下多措并举、凝心聚力，通过进一步完善废旧家电的回收处理体系，就能为环保助力，为生活添彩。③

---

① 参见《七部门联合发文，完善废旧家电回收处理体系——旧家电有去处，新家电买起来》，《人民日报海外版》2020 年 6 月 23 日。
② 参见夏钦:《无用小家电该如何处理》，《工会博览》2020 年第 23 期。
③ 参见《完善废旧家电回收处理体系》，《人民日报》2020 年 7 月 6 日。

建立绿色贸易体系

绿色贸易是指在贸易中预防和制止由于贸易活动而威胁人的生存环境以及对人的身体健康的损害，从而实现可持续发展的贸易形式。

一、积极优化贸易结构

贸易结构是指某一个时期贸易的构成情况，主要是指一定时期内贸易中货物贸易与服务贸易的构成情况。贸易结构反映了一个国家的比较优势、工业化程度及其在国际分工中的地位，是反映该国对外贸易质量的一个重要指标。贸易结构优化是推动贸易结构合理化、高级化发展的过程。要优化贸易结构，就要提高外贸经济出口的竞争优势，占据有利的世界市场份额，全力以赴提高科技创新水平。

加入世界贸易组织（WTO）以来，我国嵌入全球价值链取得巨大突破，其中一个重要特征就是"国外先进设备＋关键中间品＋人力资本红利"，由此形成了中国制造的国际竞争力。现在，附加值、科技含量比较高的机电产品发展越来越快，信息通信产品、自动数据处理设备、手机、计算机和辅助设备、零配件、汽车以及零部件、液晶显示器以及从 2020 年开始的防疫物资、电子设备、家用电器等成为我国主要的出口产品。2019 年，中国优化的外贸结构让外贸质量进一步提升，仅机电产品的出口占比就提升至 58.4%，服务贸易额也稳步攀升，服务进出口规模连续六年位居世界第二。2021 年 1—8 月，我国与新兴市场国家合作更加紧密，对新兴市场出口占比提高 1 个百分点（达到 49.8%），拉高整体出口增速 12.5 个百分点。出口继续向价值链高端攀升，机电产品出口增长 23.8%，占比提升 0.3 个百分点（达到 58.8%）。手机、计算机、汽车出口分别增长 9.2%、12.7%、111.1%。民营主体竞争力不断增强，出口增速高于整体 5.1 个百分点，占比提升 2.2 个百分点（达到 57.1%），拉高整体出口增速 15.5 个百分点。

近年来，世界服务贸易日趋知识化、技术化和资本化，资本密集型和知识技术密集型服务行业逐步成为主要的服务参与部门。根据联合国贸发会议的数据，在全球服务贸易中，旅游、交通运输等传统部门的占比呈下降趋势，二者合计占比从 2005 年的 49.36% 下降到 2020 年的 30.3%。同时，与创新相关的技术与信息服务、知识产权服务、研发设计占比日益提升，三者合计占比从 2005 年的 11.35% 提高到 2020 年的 18.03%。同样，中国服务贸易结构也日益优化。2005—2020 年，中国电信、计算机和信息服务，知识产权使用费用进出口额占服务贸易总额的比重分别提升了 29.98、13.2 个百分点，成为服务贸易增长的主要动力。

发展高质量、高技术、高附加值产品贸易，严格控制高污染、高耗能产品进出口，鼓励企业进行绿色设计和制造，构建绿色技术支撑体系和供应链，并采用国际先进环保标准，获得节能、低碳等绿色产品认证，推进贸易与环境协调发展，实现可持续发展，也是优化贸易结构的有效措施。

我国服务贸易结构日益优化

2021年

我国知识密集型服务进出口**23258.9**亿元，
增长**14.4%**

占服务进出口总额的比重达到**43.9%**

数据来源：商务部

二、加强绿色标准国际合作

实现贸易自由是世界贸易组织的主要目标之一。20 世纪以来，各成员国大幅降低了关税，促进了贸易自由化。但是各国经济发展不平衡，本国的劣势行业不同程度受到了外来商品的冲击，进而可能导致企业破产、失业率上升、国内市场被外商垄断、经济安全受到威胁等严重问题。为了减少商品的进口，保护本土企业，各国又开始竖起了贸易保护的大旗。然而，提高关税是违反国际规则的，于是披着合法外衣的贸易壁垒开始出现。国际上比较常见的贸易壁垒有绿色贸易壁垒以及技术性贸易壁垒。[①]

绿色贸易壁垒又称环境型壁垒或生态壁垒，是指在国际贸易活动中，进口国以保护生态环境以及人类健康为理由，通过颁布法律法规、

---

① 参见唐义娇：《技术性贸易壁垒与绿色贸易壁垒之异同》，《商场现代化》2014 年第 21 期。

建立技术标准、认证制度以及检验制度等方式，对国外进口商品制定一系列限制进口的措施。

　　国际贸易中的任何保护主义手段都会降低市场效率，造成全球的福利损失，绿色贸易壁垒也不例外。无论是理论上还是数据上，中国都是绿色贸易壁垒的严重受害者。中国作为人口大国，农业这一劳动密集型产业相较于西方发达国家极具成本优势，因此成为农业出口大国。2020 年，中国农产品出口额高达 760 亿美元。近年来，全球最大的自贸关系协定包括中国在内的 15 个成员国中，其他 14 个成员国全部向中国实施了卫生与植物卫生措施形式的绿色贸易壁垒。

　　技术性贸易壁垒是指国家或地区政府对相关产品制定的科学技术范畴内的技术标准，如产品的规格、质量、技术指标等。WTO《技术性贸易壁垒协议》将技术性贸易壁垒分为技术法规、技术标准、合格评定程序。技术法规是指规定强制执行的相关产品特性或者其相关工艺、生产方法，包括适用的管理规定文件。技术标准是指经过公认机构批准的、非强制执行的、供通用或者反复使用的产品、相关工艺和生产方法的规则、指南、特性的文件。合格评定程序是指按照国际标准化组织的规定，依据技术规则和标准，对生产、产品、质量、环境、安全等各个环节以及对整个保障体系进行全面监督、审查和检验，合格后由国家或者国外权威机构授予合格证书或者合格标志，以证明某项产品或服务符合规定的标准和技术规范。

　　在国际贸易中，判断出口商品是否符合商品进口方的标准、技术法规要求，需要对其进行检测、检验、认证（合格评定程序），进口方须认同出口方合格评定的实施者即合格评定机构的能力。因此，不同经济体间的认可机构多边互认，成为经济体间互相接受合格评定结果、避免重复评价、实现贸易便利化的必要条件，从而起到真正消除贸易中技术壁垒的作用。

影响我国工业品出口的主要技术性贸易措施

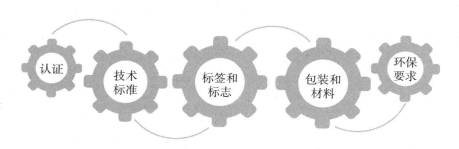

认证　技术标准　标签和标志　包装和材料　环保要求

因此，建立绿色贸易体系，要加强绿色标准国际合作，积极引领和参与相关国际标准制定，推动合格评定合作和互认机制，做好绿色贸易规则与进出口政策的衔接。

三、深化绿色"一带一路"合作

"一带一路"是开放发展之路，也是绿色发展之路。尽管各国经济发展的程度各不相同，气候、环境、能源危机和地区安全等问题依然存在，但合作与开放仍是世界大势。立足新发展阶段，推动共建"一带一路"高质量发展可以从践行绿色发展理念等方面深入开展合作，继续在倡导绿色、低碳、循环、可持续的生产和生活方式上下功夫，共建生态文明，落实《联合国 2030 年可持续发展议程》；继续完善合作机制，宣传环保理念，开展民间合作，让绿色理念更加深入人心；继续推动绿色贸易发展，开展绿色投资合作，强化绿色金融支持，促进落实全球可持续发展。[①]

拓宽节能环保、清洁能源等领域技术装备和服务合作。在节能环保领域，要深化与"一带一路"沿线国家绿色发展和清洁生产合作，推动我国重要工业节能与绿色标准在海外工业园区与工厂实施推广；推动节能环保产业"南南合作"，加快先进节能环保相关技术和装备标准推广应用；推动与东盟、阿拉伯地区等区域重点国家节能标准的协调，开展制冷空调、照明产品等节能标准化合作研究。[②]

同时，加强节能环保标准化合作，服务绿色"一带一路"建设。中国已连续多年成为全球可再生能源最大的投资国，可再生能源装机和发电量已连续多年稳居全球第一。作为清洁能源的全球领导者，中国不仅拥有全球最大的清洁能源市场，也是全球最大的清洁能源生产地，还是全球最大的电动车生产国和消费国。要拓宽双向投资领域，推动贸易与双向投资的有效互动，持续放宽外资市场准入，鼓励外资投向高新技术、新兴产业、节能环保、现代服务业等相关领域，充分发挥外资对于产业升级和外贸高质量发展的带动作用。大力发展对外工程的承包，带动技术、装备、标准、认证和服务走出去。[③]同时积极扩大进口，促进研发设计、节能环保、环境服务等生产性服务进口。

---

① 参见《推动共建"一带一路"高质量发展》，《经济参考报》2021 年 10 月 12 日。
② 参见《工业和信息化部关于工业通信业标准化工作服务于"一带一路"建设的实施意见》，工业和信息化部网站 2018 年 11 月 12 日。
③ 参见《中共中央　国务院关于推进贸易高质量发展的指导意见》，中国政府网 2019 年 11 月 28 日。

6 健全绿色低碳循环发展的消费体系

　　消费是有效连接生产与生活的关键节点。绿色低碳循环发展的消费，是一种适度、节制的消费方式，它以避免或减少对环境的破坏为出发点，以崇尚自然和保护环境为特征，是符合环境保护标准、有利于人的健康的各种消费行为的统称。在整个碳排放的流程中，消费是最后一环。我国要如期完成"双碳"目标，就必须聚焦消费端，倡导绿色消费，完善绿色低碳循环发展的消费体系。

引导鼓励绿色产品消费

近年来，随着国家的重视、科技的发展以及环境保护观念的深入人心，绿色产品越来越多地出现在生活中，在给人们的生活带来健康、便利的同时，也极大地减少了对自然环境的负面影响。如今，绿色产品消费已成为一种潮流、一种趋势，广受欢迎。

一、何谓绿色产品

绿色产品，是指符合环境、卫生和健康标准，具备用户需要的使用功能和性能，且在生产、使用和处理的全过程中对环境影响和破坏较小的产品。

绿色产品具有几个特征：一是环境保护性，这是绿色产品的首要属性，是绿色产品区别于传统产品的本质特征。环境保护性对绿色产品的各个环节都有严格要求，生产—使用—废弃—回收处理的全流程都必须保证对自然环境危害性较小或者没有危害。这就要求企业在产品的设计、生产过程中，选用清洁、可回收材料，采用清洁工艺进行生产，并保证产品在报废、回收处理过程中尽可能减少废弃物产生，减少碳排放。二是技术先进性，这是绿色产品的一个显著特征。技术先进性是绿色产品能够抢占机遇、赢得市场的前提。绿色产品强调在产品的设计、生产、回收利用的全过程中采用先进技术，在绿色环保的同时，给用户提供更多的功能、更优的性能。三是安全性，绿色产品首先必须是安全的产品。绿色产品出于环保的考虑，在设计、生产过程中通常尽量减少材料、资源的消耗，尽可能减少使用材料的种类，尤其是注重减少动物皮革等稀有昂贵的材料以及避免使用有毒有害材料的种类和用量。这在很大限度上也保证了绿色产品的安全性，确保了用户使用产品时的安全和健康。四是经济性，即绿色产品通常具有较高的性价比。与传统产品相比，绿色产品通常选用可回收利用材料，采用清洁能源进行生产，这些都在一定程度上降低了绿色产品的成本，使绿色产品具有较为明显的价格优势。

绿色产品的特征

环境保护性　技术先进性　安全性　经济性

二、绿色产品的类别

绿色产品的种类繁多，涵盖衣食住行的方方面面。在日常生活中比较常见的绿色产品主要有以下几个类别。

第一，绿色食品。绿色食品是指无污染、不对人体健康构成危害，在标准环境、生产技术和卫生条件下加工生产的，经权威机构认定并具有专门标识的安全、优质食品。国际上通常把与环境保护有关的事物都冠以"绿色"之名，绿色食品是对无污染的、有利于人体健康的优质营养类食品的一种形象表述。绿色食品的种类很多，常见的有粮油、蔬菜、果品、肉、蛋、奶以及啤酒、咖啡等饮料类食品。绿色食品必须经过专门机构的认定，如果没有按照《绿色食品标志管理办法》规定的程序获得绿色食品标志使用权，不能随意称之为"绿色食品"，更不能随便使用绿色食品标志。为了更好地促进和监督绿色食品产业的发展，我国设立了中国绿色食品发展中心，隶属于农业农村部，主要负责绿色食品开发和管理工作。同时，在各省区市设有绿色食品办公室（简称"绿办"）或绿色食品发展中心、农产品质量安全中心，旨在促进各省区市绿色食品行业的健康发展。

绿色产品的类别

　　第二，绿色家电。绿色家电是指在质量合格的前提下，高效节能且在使用过程中不对人体和周围环境造成直接或者间接伤害，在报废后还可以回收利用的家电产品。获得"绿色"认证的家电，通常具有资源节约、噪声低、废弃物少、低毒安全等特点，如不添加氟利昂制冷的空调、冰箱，低噪声的洗衣机，低辐射彩电等。目前我国家电市场鱼龙混杂，很多绿色家电并非真的"绿色"，仅仅是商家炒作的噱头。因此，消费者在选购家电时务必擦亮眼睛，弄清楚购买的产品是否获得了中环联合（北京）认证中心有限公司（CFC）的认证，是不是真正的绿色家电。

第三，绿色服装。绿色服装又称生态服装、环保服装，是指以具有相应标志的生态纺织品为原料生产出来的服装。绿色服装以保护使用者身体健康为目的，具有安全、舒适、环保等优点。绿色服装大多以天然动植物材料为原料，常见材料包括棉、麻、丝、毛皮等。绿色服装不仅从款式和设计上体现环保意识，从面料到纽扣、拉链、装饰物等附件也都选用使用周期较长的材料，以减少资源消耗。"绿色环保"和当下人们追求返璞归真的内心需求相契合，绿色服装受到人们的追捧，正逐渐成为时装领域的新潮流。

第四，绿色建筑。不是简单地增加个屋顶花园、增加些立体绿化面积，建筑就变成绿色建筑了。真正的绿色建筑是指在全寿命期内，能充分利用环境与自然资源，减少污染，为人们提供健康、舒适、高效的使用空间，最大限度地实现人与自然和谐共生的高品质建筑。绿色建筑通常会充分利用阳光、风能等资源，在为居住者提供健康、舒适的居住环境的同时，尽量减少对自然环境的影响和破坏。绿色建筑的认证有专门的依据和严格的程序，认证依据主要有《绿色建筑评价标准》和《绿色建筑评价技术细则（试行）》，按照《绿色建筑评价标识管理办法（试行）》规定的程序进行认证。评价标准主要由安全耐久、健康舒适、生活便利、资源节约、环境宜居五类指标组成。由高到低划分为三星级、二星级、一星级和基本级四个等级。近年，随着全球气候变暖的加剧，建筑节能也越来越为人们所关注。在政府的大力推动下，我国的绿色建筑面积增量显著。截至 2019 年底，全国累计建设绿色建筑面积超过 50 亿平方米，2019 年当年新建绿色建筑面积占城镇新建建筑面积的 65%。全国获得绿色建筑标识的项目累计达到 2 万个，建筑面积超过 22 亿平方米。到 2022 年，当年城镇新建建筑中绿色建筑面积占比将达到 70%。[①]

第五，绿色汽车。绿色汽车又称"环保汽车""清洁汽车"。尽管叫法不同，但本质上都是指在开发过程中无污染、使用过程中安全健康，对生态环境无破坏的汽车产品。绿色汽车对汽车的生产环境、汽车使用的能源、汽车尾气的排放、汽车报废后的回收都有严格的要求和相应的国际标准。基于绿色环保、健康安全的特性，绿色汽车毫无疑问将是未来汽车领域的主流趋势。包括我国在内的世界各国都对绿色汽车的研发和应用非常重视，以电动汽车、多种代用燃料汽车为主要代表的绿色汽车已经大量出现在城市和农村的道路上。世界知名汽车企业，如特斯拉、比亚迪、通用、福特、奔驰、雪铁龙、宝马、丰田、蔚来、理想等，仍在不断加大研发力度，力图使自己生产的汽车达到或接近"零污染"的同时，进一步改善汽车性能，以扩大自己品牌汽车的市场占有量。

除了上述常见的绿色产品，还有绿色农业、绿色交通、绿色医疗、绿色教育，等等。蓬勃发展的绿色产品，不仅为人们的生活带来了便利、健康、安全，也给日益恶化的生态环境带来更多改善的希望。

三、让绿色消费成为时尚

绿色消费是指既能满足人们生活需要，又能避免或减少环境破坏，以崇尚自然和保护环境为特征的消费行为，是适应经济社会发展水平

---

① 参见《2022 年我国城镇新建建筑中 7 成将为绿色建筑》，新华网 2021 年 4 月 8 日。

和生态环境承载力的一种新型消费方式。绿色消费的对象广泛，不仅仅指绿色产品的消费，还包括一切无害或少害于环境产品的消费。

相较于国外，中国的绿色消费兴起较晚。"九五"计划期间，我国制定并开始实施《中国跨世纪绿色工程规划》。作为中国制定的1996—2010年的环境工程规划，该计划首次把环境保护纳入五年计划，并要求相关部门、各地方和企业，针对重点地区、重点流域和重大环境问题，集中人力、财力、物力，实施一系列措施，以局部带动全局，向环境污染问题和生态破坏宣战。在这一系列措施的推动下，绿色消费开始萌芽。1999年以来，商务部会同原环境保护总局、中宣部等13部门共同实施了以"提倡绿色消费、培育绿色市场、开辟绿色通道"为主要内容的三绿工程。在各地区、各部门的共同努力下，绿色消费深入人心、绿色市场迅速发展、绿色通道高效畅通。"十五"计划提出"重视生态建设和环境保护，实现可持续发展"的战略目标。2001年，我国人民生活已经达到温饱，进入全面建设小康社会，向更加宽裕的小康生活迈进。生活水平的提高，相应地也引起消费需求的变化。新的消费需求更加关注身体健康，关注生存环境。在这样的背景下，中国消费者协会适时地将当年的主题定为"绿色消费"，有力地促进了绿色消费观念的普及。在20多年后的今天，绿色消费依然是消费的主流趋势，这一主题将贯穿整个21世纪。

经过多年的发展，绿色消费已经蔚然成风，对我国的经济、社会、生态等领域产生着全方位的影响。不可否认，我国的绿色消费还存在绿色产品种类有限、供给不足、价格偏高、市场混乱等诸多问题，这严重影响了绿色消费作用的进一步发挥。需要全社会共同努力，多措并举推动绿色消费，真正让绿色消费成为时尚。

第一，加强绿色产品宣传，培育绿色消费理念。2009 年 4 月，搜狐绿色频道与中华环保联合会在网络上开展过一项名为"公众绿色消费意识有奖问卷调查"的活动。调查问卷设置了包含对绿色消费概念的理解、最关注的绿色消费领域、未参与绿色消费的原因在内的14 个问题。调查结果显示，不了解绿色产品成为阻碍绿色消费的主要原因。这说明虽然绿色产品已经越来越多地进入人们的生活，但是人们对绿色产品的了解和认知并不像我们想象的那样精准、透彻。人们对于绿色产品的优点和绿色消费的重要性仅仅是"听说过""知道一些"，认识还不够深刻。因此，政府、民间组织、企业还需要不断地加大对绿色产品优点和环保性能的宣传，为消费者提供更多了解绿色产品的机会和途径，提升消费者的绿色消费欲望，让更多的人参与绿色消费。

第二，加大政府绿色采购力度，引导绿色消费。政府绿色采购，要求各级国家机关、企事业单位、团体组织等使用财政资金采购货物、工程及服务时，充分考虑节能、环保等要求，优先采购绿色产品。在我国，政府采购市场规模巨大。作为国家宏观调控的重要工具之一，政府在采购中更多地选择绿色产品，将会从需求端促进绿色生产，催生更多的绿色产品，这对引导公众绿色消费、经济社会绿色发展都将产生重要意义。近年来，绿色采购在政府文件中全方位地体现。2019年 2 月 1 日，财政部、国家发展改革委、生态环境部、市场监管总局四部门联合出台《关于调整优化节能产品、环境标志产品政府采购执行机制的通知》，完善了政府绿色采购政策，规范了政府采购行为。但在实际操作中，政府绿色采购配套法律法规不健全，采购的标准体系建设还在起步阶段，采购人员对绿色产品的认识和鉴别方面的专业化水平有待提高。这些都严重阻碍了政府绿色采购制度作用的发挥。下一步，需要完善政府绿色采购法规体系，明确绿色采购的实施主体、机构设置、责任义务等；构建绿色政府采购标准体系，制定统一的绿色采购程序、标准及方法，建设绿色采购信息平台，定期更新政府采购产品清单；国有企业要发挥示范作用，率先践行企业绿色采购要求，为建立健全绿色采购管理制度提供更多有益经验。

　　第三，通过多种途径增加绿色产品供应，激发绿色消费。为了落实绿色发展理念，2016 年，国家发展改革委等 10 部门联合印发《关于促进绿色消费的指导意见》。该文件对于促进绿色消费，推动生态文明建设发挥了较大作用。但是几年过去了，我国目前的绿色消费发展程度还不尽如人意，需从多方面加大推进力度。目前比较紧迫的是要加大绿色企业扶持力度，推动绿色生产扩大化。绿色产品的绿色属性，体现在产品的研发、生产、包装、运输、使用、回收等全生命周期中。绿色产品制造商通常需要在技术开发、改进生产设备、选择绿色生产原材料以及对废物进行无污染处理等方面投入大量资金。这使绿色产品的成本往往高于一般的非绿色产品。因此，国家可考虑运用经济手段引导绿色生产，对研发和生产绿色产品的企业通过价格补贴、税收减免、信贷优惠等措施，支持绿色企业的创新，降低绿色产品的成本，为社会提供更多质优价廉的绿色产品，也为消费者进行绿色消费提供更多选择，促进绿色消费。

打击虚标绿色产品行为

随着经济社会的发展，人们对质优、安全、环保的绿色产品消费需求有了显著的提升。然而，目前市面上流通的产品，"绿色低碳""节能环保""静音低噪"等各类标识五花八门，相关的认证也纷繁复杂，评价体系、标识不一、各自为政，让消费者很难辨别。

一、绿色产品认证及标识

绿色产品认证是国家根据中共中央、国务院印发的《生态文明体制改革总体方案》和《国务院办公厅关于建立统一的绿色产品标准、认证、标识体系的意见》实施的自愿性产品认证制度。国家按照统一目录、统一标准、统一评价、统一认定的方针，将现有环保、节能、节水、循环、低碳、再生和有机等产品纳入绿色产品。到 2020 年，我国已初步建立起体系科学、开放融合、指标先进、权威统一的绿色产品标准、认证、识别体系，基本实现了一类产品、一标准、一清单、一认证、一标识的体系整合目标。

绿色标识将成为实施绿色发展的重要载体。为贯彻落实《生态文明体制改革总体方案》的要求，解决当前绿色认证工作职责不清、标准不一的问题，推进绿色产品标识一体化，配合绿色产品认证工作，市场监管总局按照"市场导向、开放共享、社会治理"的原则，于2019年发布实施了《绿色产品标识使用管理办法》，规定了绿色产品标识的样式、适用范围和监督管理。该办法规定，市场监管总局统一发布绿色产品标识，搭建绿色产品标识信息平台，并对绿色产品标识的使用进行监督管理。

绿色产品标识的基本图案为"中国绿色产品"（China Green Product）的英文首字母"CGP"。标识由"中国绿色产品"的三个英文首字母组成树形图案，体现了"关注环境、关注资源、关注人类可持续发展"的主旨。同时，这个标识也类似汉字"品"字，表示获得认证的产品具有较好的品质保证。根据认证活动标准、方式的不同，绿色产品分为"全绿"产品、"涉绿"产品，对应的绿色产品标识也不同。"全绿"产品是指在资源属性、能源属性、环境属性、品质属性方面全部符合标准要求的产品。标识由基本图案、外围"CHINA GREEN PRODUCT"构成的枝叶繁茂的树冠和认证机构标志共同组成。"涉绿"产品是指在资源属性、能源属性、环境属性、品质属性任一方面符合标准要求的产品。

绿色产品标识的基本图案及两种标识样式

二、建立统一的绿色产品标准、认证、标识体系的意义

建立统一的绿色产品认证体系，是推动低碳绿色循环经济发展、

培育绿色市场的必然要求，是加强供给侧结构性改革，提高绿色产品供给质量和效率的重要举措，是确保和改善人民生活的有效途径，是切实履行减少排放承诺，实现碳达峰、碳中和的现实需要。引导产业转型和现代化，加快中国与国际接轨，推动绿色消费升级，是当务之急。

对于企业来说，通过绿色产品认证，能够获得国家和行业重点推广和扶持。例如，能够在企业参与重大项目、政府投资工程招标中给予一定加分，获得更多的发展机会；能够展现企业在环境保护方面的社会责任，提升品牌形象，提高企业的核心竞争力；便于消费者识别和购买，获得更多的市场份额，给企业带来更多收益。对于消费者来说，绿色产品认证体系的建立给消费者提供了更多高品质的消费选择机会。近些年，随着人们生活水平的提高，公众对于质优、安全、环保的消费产品需求显著提高。绿色产品标识是一个辨识度较高的认证标志，它可以把准确可靠的质量信息传递给公众，为用户改善型消费提供参考、指明方向，避免其上当受骗。

目前，我国的绿色产品认证由独立第三方机构实施。由独立第三方机构实施认定，既可以保证评估工作的客观、公正，又能有效避免对企业生产经营能力、绿色产品质量的重复检验，为企业节省大量成本，还能够培育一批绿色产品标准、认证、检测专业服务机构，提升我国绿色产品评价技术能力及国际影响力。

三、规范绿色产品市场，严厉打击虚标绿色产品行为

虽然近年来我国绿色消费得到快速的发展，取得了较大的成效，但我们必须清醒地认识到，推动绿色产品发展，扩大绿色消费还存在

诸多问题。最突出的就是绿色产品市场还不规范，一些绿色产品性能虚标的问题比较突出，以次充好、以假充真的现象频繁出现。要解决目前存在的问题，需要各方力量的共同参与。

规范绿色产品市场，严厉打击虚标绿色产品行为

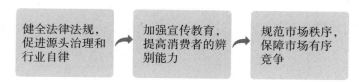

第一，健全法律法规，促进源头治理和行业自律。虚标绿色产品行为之所以盛行，是因为有它滋生的土壤。目前，我国相关法律，如《中华人民共和国消费者权益保护法》《中华人民共和国商标法》中对于虚标绿色产品行为规定不细，处罚过轻，使监管者在执行过程中存在无法可依的情况，给执法造成困难，使虚标绿色产品行为有机可乘。市场监管有漏洞，法制不健全、对虚标绿色产品行为惩罚太轻等就是虚标绿色产品行为盛行的土壤。面对暴利的巨大诱惑，虚标绿色产品的违法成本轻微到不值一提。因此，要尽快健全相关法律法规，对虚标绿色产品行为进行严厉打击，一旦出现这类行为，将面临巨额的行政处罚。如果因虚标绿色产品行为产生纠纷，还要进行远超盈利数倍的赔偿。通过法律手段，使违法者不敢违、不愿违，自觉遵守职业道德，避免发布虚假信息。增强行业自律，从源头上杜绝虚标绿色产品行为。

第二，加强宣传教育，提高消费者的辨别能力。打击虚标绿色产品行为，提高消费者的辨别能力，使其自觉抵制假冒伪劣的绿色产品是关键。一是突出主流媒体，全面广泛宣传。习近平总书记在党的十九大上所作的报告全面阐述了加快生态文明体制改革、推进绿色发展的战略部署。为深入贯彻党的十九大和十九届二中、三中、四中、五中全会精神，全面贯彻习近平生态文明思想，加快建立健全绿色低碳循环发展的经济体系，国务院于2021年2月印发《关于加快建立健全绿色低碳循环发展经济体系的指导意见》，明确要求健全绿色低碳循环发展的经济体系，促进绿色产品消费，严厉打击虚标绿色产品行为。因此，需要中央电视台新闻频道、新华社、中国新闻社等主流媒体跟进报道，广泛宣传绿色产品的特点、虚标绿色产品行为的危害，帮助消费者正确地选择绿色产品。二是重点打造电视宣传平台。通过《每周质量报告》《3·15晚会》等节目，披露典型案件，曝光有虚标绿色产品行为的企业名单，形成严厉态势，帮助消费者"排雷避坑"。三是拓展网络宣传平台。通过官方微博、微信公众号发布绿色发展、绿色消费、绿色产品的相关热点知识，引发消费者关注，提高消费者的辨别能力。四是积极推进绿色教育进学校、进课堂活动。进一步拓宽宣传教育的途径，加大宣传教育力度，提高消费者依法维权和科学消费能力，将打击虚标绿色产品行为的工作重点由被动处理违法行为、侵权投诉向事前防范转移。通过绿色讲堂、消费体验、编印绿色消费指导手册等形式广泛开展绿色教育活动，帮助消费者减少和降低消费风险，提升消费者的维权意识和能力，扩大消费教育受众和影响力。

第三，规范市场秩序，保障市场有序竞争。目前，市场上各种绿色与非绿色商品鱼龙混杂，虚标绿色产品行为频发，消费者根本无力辨认真假。对此，一是必须规范市场秩序，强化市场监管部门的监督和管理责任，加快推进绿色市场认证步伐和市场检测。对属于绿色产品的类别，鼓励企业积极申请绿色产品认证，尽可能地提供便利服务，及时颁发绿色产品标识。加大企业自检力度，完善委托检验机制，确保绿色产品在产出后，经过加工、运输、储藏、批发、零售等环节，最终到达消费者手中时仍能符合绿色产品要求的各项质量标准。二是做好打假工作，对于虚标绿色产品行为运用行政、刑事手段，严厉打击，绝不手软。积极受理消费者对于假冒绿色产品领域的投诉，加大维权力度，维护消费者的绿色消费权益，增强消费者的绿色消费信心，引导和激发绿色消费需求，促进全社会的绿色消费。在电商迅速发展的今天，打假行动要做到线上线下同步进行，有时线上销售行为甚至应当作为打击的重点领域。加快社会信用体系建设，包括建立企业的诚信档案、企业信用调查评级制度，将有虚标绿色产品行为的企业列入失信企业名单，通过限制贷款、禁止市场准入等途径，压缩违规企业的生存空间，反向激励企业提供货真价实的绿色产品。

倡导绿色低碳生活方式

习近平总书记多次强调要形成绿色低碳生活方式："倡导简约适度、绿色低碳的生活方式，反对奢侈浪费和不合理消费，开展创建节约型机关、绿色家庭、绿色学校、绿色社区和绿色出行等行动。""形成绿色发展方式和生活方式，坚定走生产发展、生活富裕、生态良好的文明发展道路，建设美丽中国。"

一、绿色低碳生活方式的内涵和意义

绿色低碳生活方式，是指通过倡导居民使用绿色产品，倡导人们参与绿色志愿服务，引导人们树立绿色增长、共建共享的理念，使绿色消费、绿色出行、绿色居住成为人们的自觉行动，人们可以充分享受绿色发展带来的便利和舒适，履行可持续发展的应有责任，实现环保、节俭、健康的生活方式。通俗地说，就是减少煤炭、石油、天然气等化石燃料的消耗，减少污染物的产生，减少二氧化碳的排放，通过改变一些生活方式，充分利用科技手段和清洁能源而不降低生活质量。

众所周知，工业、农业的生产过程会排放大量的二氧化碳，对气候变化产生显著影响。其实，人们在日常生活中也会排放大量的二氧化碳。从这个角度上说，每个人都是一个碳排放源。因此，实现"双碳"目标，除了要在我们熟知的行业领域减少碳排放，实现绿色发展，还应该匹配相对应的绿色低碳生活方式。绿色低碳生活方式，是亿万公众参与、践行绿色发展理念这一中国经济社会发展战略部署的主要途径。

2021年8月23—29日是中国第31届全国节能宣传周。本次节能宣传周的主题为"节能降碳、绿色发展"。8月25日是全国低碳日，本次的主题为"低碳生活、绿建未来"。这是中国在向世界承诺"二氧化碳排放力争于2030年前达到峰值，努力争取2060年前实现碳中和"后，首次迎来全国节能宣传周和全国低碳日。中国作为世界上最大的发展中国家，要实现"双碳"目标，不仅需要政府和企业的参与，也需要每个公民的参与，以实现全球历史上最短时间内完成世界最高碳排放强度降幅，实现从碳达峰到碳中和的过渡。在2021年的全国低碳日，倡导绿色低碳生活方式已成为全社会的共识。

二、积极践行绿色低碳生活方式

绿色低碳生活方式体现在吃、住、行、购等日常生活中。

第一，吃——绿色餐饮，减少浪费。我国餐饮行业已经进入成熟阶段，增长势头强劲，有力地带动了各地方经济的繁荣。国家统计局数据显示，2013—2019年，我国餐饮行业收入复合增长率为10.7%，2019年餐饮行业收入达4.7万亿元。尽管2020—2021年受新冠肺炎疫情影响，增速有所下滑，但仍远高于GDP增速，对国民经济的拉动作用显著。但是，由于部分民众缺乏正确的消费观，受讲排场、爱面子、搞攀比等错误消费观念的影响，加之部分餐饮企业只重利润，节约意识不强，对顾客进行错误引导，暴饮暴食、铺张浪费、滥食野生动物等不合理现象随处可见。餐饮浪费，往小处说，是浪费钱财，糟蹋粮食，助长奢靡之风甚至危害身体健康；往大处说，则是丢掉了中华民族勤俭持家的优良传统，浪费公共资源，危及粮食安全。其危害不可小觑。"浪费非小事"，必须引起全社会足够重视。

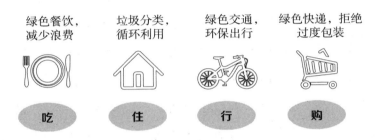

对于餐饮行业的从业人员而言，应认真学习、贯彻落实习近平总书记对坚决制止餐饮浪费行为的重要指示精神，加强行业自律，强化厉行节俭的主体责任，自觉将绿色环保、低碳循环的理念融入餐饮经营、管理的全过程，尽量减少和杜绝使用一次性餐饮器具，减少餐厨垃圾、减少污染浪费。餐饮服务人员要恪守职业道德，增强社会责任感，从服务方式、语言、技巧、器皿包装等方面建立健全有效措施，不误导、诱导顾客超量点餐，合理引导消费者适量点餐，理性消费。

对于消费者而言，要树立理性消费的意识。"历览前贤国与家，成由勤俭破由奢。"艰苦奋斗是永不过时的"传家宝"，厉行节约、反对浪费不仅是美德，更是责任。要杜绝"餐桌上的铺张"，避免"舌尖上的浪费"。养成健康的饮食习惯，注重荤素搭配，膳食均衡，向适度饮食、健康饮食的生活方式转变。外出用餐做到理性消费、文明就餐、剩餐打包，减少浪费。做"光盘行动"、"分餐制"、"半份菜"、"N-1"点餐等新"食尚"的引领者，从源头杜绝餐饮浪费。家中用餐做到按需采购、适量配餐，开发动手能力，巧用储存方法合理处置剩菜剩饭。比如，把吃剩的水果做成果酱，让"舌尖"节俭成为"心间"自觉。珍惜粮食、减少浪费也要从娃娃抓起，在日常生活中注意对孩子"饮食教育"的言传身教，培养孩子珍惜粮食、杜绝浪费的好习惯。

第二，住——垃圾分类，循环利用。垃圾如何处置，已经成为城镇发展过程中亟须解决的问题。前几年，我国大部分生活垃圾采用填埋的方法进行处理。填埋的处理方式缺少垃圾分类环节，不经筛选直接填埋，不仅造成资源的浪费，还需要占用大量的土地，而且会对周边的土壤、地下水造成污染。因此，进行垃圾分类势在必行。近些年，随着垃圾的种类越来越多，处理难度越来越大，加之对资源利用的认识程度不断加深，人们对垃圾分类也越来越重视。尤其是2019年上海正式实行垃圾分类四分法以来，我国的垃圾分类工作走上了快车道。目前，各地垃圾分类工作都已开展了一段时间，取得了不少经验，但还存在垃圾分类落实情况差、各类垃圾混装混投、回收利用难度大等不少难题，亟待解决。

为了进一步规范垃圾分类工作，实现垃圾的资源化利用，践行绿色低碳的生活方式，还需要从以下几个方面完善垃圾分类工作。一是发挥舆论宣传的作用，强化习惯养成。通过广播、电视、网络等媒介，全方位宣传垃圾分类的意义和标准，帮助公众提高垃圾分类的能力，养成垃圾分类的习惯。二是制定分类制度，规范分类行为。各地垃圾分类的标准不统一，导致垃圾无法准确投放。未来需要进一步统一分类标准，细化分类制度，为公众准确分类提供依据。三是优化收运网络，完善分类方式，分门别类地进行收集和运输，严禁混装混投，避免二次分类，实现垃圾减量化、资源化的目标。四是强化资源利用，实现变废为宝。生活垃圾焚烧发电是垃圾资源化利用的发展趋势。堆肥处理是垃圾资源化利用的非常重要的处理方式。未来，应改变垃圾以填埋为主的处理方式，努力向焚烧和堆肥处理过渡。垃圾分类，循环利用，公民参与是核心和关键。公民个人层面：一是做到不乱扔垃圾，养成良好的习惯，这是最低层次的要求；二是杜绝铺张浪费，为生活做减法，从源头减少垃圾的产生；三是学习垃圾分类知识，学会正确投放，避免二次分拣。

第三，行——绿色交通，环保出行。交通拥堵、汽车尾气污染已成为城市发展的通病，而发展绿色交通，引导绿色出行，降低私家车使用率是解决这一问题的有效途径。绿色出行，又称环保出行，是对环境影响较小的出行方式，核心是高效、便捷。比如，乘坐公共汽车、地铁等公共交通工具，合作乘车、环保驾车、驾驶新能源汽车或者步行、骑自行车等，都属于绿色出行。绿色出行既能节约能源、提高能源利用率、减少污染，又能加强人与人之间的互动，锻炼身体，有益于身心。

为了使空气更清新，道路更通畅，身体更健康，倡议大家遵守城市限制机动车出行的要求，响应减少私家车使用的号召，每周让爱车休息休息。自觉践行"135"绿色出行方式（1千米内步行、3千米内骑自行车、5千米内乘坐公共交通工具），宣传和带动亲朋好友积极参与绿色出行，一起享受绿色交通带来的放松与舒缓。

"135"绿色出行方式

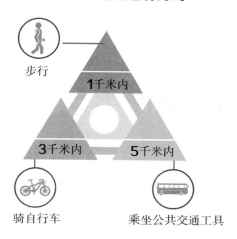

步行　1千米内

3千米内　5千米内

骑自行车　　乘坐公共交通工具

　　第四，购——绿色快递，拒绝过度包装。近年来，网络购物成为发展最快的购物方式，但伴随着电商的蓬勃发展，大量的快递胶带、塑料包装袋、空气囊、纸箱子等被遗弃，极大地污染了环境。国家邮政局相关数据显示：2017 年超过七成的用户把快递包装当作垃圾随手丢弃，快递包装废弃物总体回收率不足 10%。让快递包装"绿"起来，需要全社会共同努力。一是政府层面，应加强对快递行业过度包装的法律约束和制约，推广使用可循环、可降解的包装材料，提高快递包装绿色化、减量化、可循环水平。二是企业层面，应加大包装生产环节的研发力度，寻求环保可降解、便于回收替代的产品，优化现有技术及工艺，提高再生料在产品中的使用比例及产品性能，探索绿色减量措施。三是消费者层面，每一位享受快递便捷服务的民众，都应树立绿色理念，拒绝过度包装，对包装物自觉进行分类处理，让垃圾再次回到资源序列，做到在快乐网购的同时，践行绿色低碳生活方式。

推进塑料污染全链条治理

自从塑料发明以来，塑料制品的使用越来越广泛，给人们的日常生活带来了极大便利。与此同时，塑料污染问题也日益严重，已成为全球共同关注的热点环境问题。如何在让生活变得更轻松和保护环境之间找到平衡，已经成为全世界的共同议题。

一、塑料污染现状

塑料是以单体为原料，通过加聚或缩聚反应聚合而成的高分子化合物。它具有质量轻、化学性质稳定、耐磨耗、耐腐蚀、强度高、易加工、价格低等诸多优点，所以自问世以来就深受欢迎，并迅速渗入社会生活的方方面面。塑料被列为 20 世纪最伟大的发明之一，塑料的普及被誉为"白色革命"。

随着塑料产量不断增大，塑料产品种类不断增多，用聚苯乙烯、聚丙烯、聚氯乙烯等高分子化合物制成的包装袋、农用地膜、一次性餐具、塑料瓶、电器充填发泡填塞物等塑料制品使用后被随意丢弃，难于降解处理，所含成分存在潜在危险，给生态环境造成污染，给景观带来破坏。由于早期的塑料制品大多是白色的，因此塑料污染又被形象地称为"白色污染"。

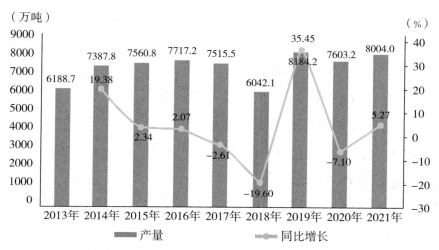

数据来源：工业和信息化部

塑料污染中的"塑料"主要有四大来源，分别是工业、农业、医疗行业和日常生活。工业源产生的废弃塑料主要是塑料制品加工过程中产生的废料以及废弃工业塑料制品。这部分塑料垃圾相对集中，品质较好，回收利用率高。农业源产生的废弃塑料主要包括废弃地膜、农用管道、农药包装等。这部分垃圾回收率低，不易降解，处理困难，污染水源和农田，危害性高。医疗行业产生的废弃塑料主要有防护服、一次性口罩、注射器等医用器材、药品包装等。这部分塑料垃圾来源明确、回收率高，但毒性强，再利用价值低。日常生活中产生的塑料垃圾品种多、分散广、再利用价值高，是回收处置的重点。

二、塑料污染的危害

塑料污染的危害主要包括两方面：视觉污染和潜在危害。视觉污染是指散落在环境中的塑料废弃物对市容、景观的破坏，就是我们常说的"有碍观瞻"。潜在危害是指塑料废弃物进入自然环境后难以降解而带来的长期的深层次环境问题。视觉污染显而易见，处理起来也比较容易。潜在危害不易为人们所察觉，但这才是塑料污染的主要危害，对人体健康、生态环境的破坏也更为严重，更应引起我们的重视。

塑料污染的潜在危害主要包括以下几个方面。

第一，一次性塑料餐具严重影响人们的健康。研究表明，当温度达到65℃时，一次性塑料餐具中的有害物质会渗透到食品中。这些物质将通过食物进入人体，对人的肝脏、肾脏和中枢神经系统造成损害。许多一次性饭盒都是聚氯乙烯（PVC）塑料制品。塑料本身有毒，作为塑料制品组成部分的添加物同样有害。在一般合格的塑料制品中，聚丙烯的用量占70%—80%，其余为填料。然而，为了节约成本，一些黑心制造商在一次性塑料餐具中添加了50%以上的滑石粉、碳酸钙和其他填料，导致乙酸、工业石蜡和其他物质严重过量。在高温或油脂的作用下，一次性塑料餐具会释放致癌和致病性化学物质，严重危害人类健康。

第二，占用土地，污染土壤，影响动植物生长。目前，填埋仍是我国垃圾处理的三种方式之一。塑料制品密度小，体积大，大量的塑料垃圾填埋场将不可避免地占用本就稀缺的土地。此外，农田废弃塑料薄膜、塑料袋等废旧塑料制品在田间停留时间长，不能分解腐烂，影响土壤透气性，阻挡水流，从而影响作物对水分和养分的吸收，抑制作物生长发育，降低作物产量。如果牛羊等牲畜吃了塑料薄膜，会引起肠胃疾病甚至死亡。

第三，焚烧处理，导致二次污染。焚烧是处理塑料废弃物的另一种重要方式，但它会造成二次环境污染。塑料燃烧时，不仅会产生大量黑烟，还会释放各种有毒化学气体。其中，一种叫作二噁英的化合物毒性高，致癌性强，它会对动物肝脏和大脑造成严重损害，即使摄入量很少，也会导致鸟类和鱼类畸形和死亡。塑料垃圾焚烧产生的二噁英造成的环境污染已成为全世界关注的敏感问题。

第四，任意堆放，形成火灾隐患。塑料垃圾长期堆放，会形成大量的白色泡沫和塑料碎粒等易燃物，形成火灾隐患。一旦遇到明火或自燃，极易引起火灾，给国家和人民的生命财产造成重大损失。这样的案例、教训很多。消防部门年处理的火灾事故中，塑料垃圾引起的火灾比例持续走高。

近年来，微塑料污染逐渐被人们所认识并引发关注。微塑料通常是指粒径小于 5 毫米的塑料颗粒以及纤维。如今微塑料无处不在，它们在我们呼吸的空气中，在我们饮用的水体里，在海洋中，甚至在太空里。以海洋为例，微塑料被称为"海洋中的 $PM_{2.5}$"，因粒径小、表面积大，可吸附大量的重金属和有机污染物，被浮游动物、底栖动物、鱼类摄食后，随着食物链传递到更高的营养层级，进而影响到其他各类海洋生物，并最终危害人体健康。

三、塑料污染全链条治理的途径

随着电商、快递、外卖等新业态的快速发展，塑料污染的负面影响进一步凸显。2020 年 1 月 16 日，国家发展改革委、生态环境部联合印发《关于进一步加强塑料污染治理的意见》。2021 年 9 月 8 日，国家发展改革委、生态环境部联合发布《关于印发"十四五"塑料污染治理行动方案的通知》，提出为有效遏制塑料污染，必须实现塑料制品生产、流通、消费、回收利用、末端处置全链条治理。2022 年 2 月发布的《中共中央国务院关于做好二○二二年全面推进乡村振兴重点工作的意见》强调，要"推进农膜科学使用回收"。

"十四五"时期，我国塑料污染治理的主要目标

	到 2025 年，塑料污染治理机制运行更加有效，地方、部门和企业责任有效落实，塑料制品生产、流通、消费、回收利用、末端处置全链条治理成效更加显著，白色污染得到有效遏制
在源头减量方面	商品零售、电子商务、外卖、快递、住宿等重点领域不合理使用一次性塑料制品的现象大幅减少，电商快件基本实现不再二次包装，可循环快递包装应用规模达到 1000 万个
在回收处置方面	地级及以上城市因地制宜，基本建立生活垃圾分类投放、收集、运输、处理系统，塑料废弃物收集转运效率大幅提高 全国城镇生活垃圾焚烧处理能力达到 80 万吨 / 日左右，塑料垃圾直接填埋量大幅减少 农膜回收率达到 85%，全国地膜残留量实现零增长
在垃圾清理方面	重点水域、重点旅游景区、农村地区的历史遗留露天塑料垃圾基本清零 塑料垃圾向自然环境泄漏现象得到有效控制

第一，源头控制，生产使用环节要"瘦身"。一是在合成环节，合成高性能、易回收、寿命长的石油基高分子材料，重点发展以聚乙烯醇为代表的在我国已规模化工业生产的可生物降解塑料材料，规模化利用纤维素、甲壳素等生物质资源，减少对不可再生化石能源的消耗。二是在生产环节，积极推行绿色设计，生产符合环境保护要求、可循环使用的塑料制品。以一次性塑料制品为重点，制定标准，优化设计，选用易降解、易回收的原材料，增强塑料制品的回收利用。三是在使用环节上，持续推进一次性塑料制品使用减量。落实"限塑令"

等国家关于禁止、限制销售和使用部分塑料制品的规定，督促商品零售、电子商务、餐饮、住宿等经营者落实主体责任，引导民众养成绿色消费习惯，减少一次性餐具等塑料制品的使用，自觉履行生活垃圾分类投放义务。四是积极推广塑料替代产品。和"减量"一样重要的是"替代"，选用竹木制品、纸制品、可降解塑料制品等替代塑料制品，减少塑料制品的使用量。

第二，回收处置，垃圾实现"变废为宝"。一是加强塑料废弃物的规范回收和运输。在城市，根据生活垃圾的分类，推进再生资源的回收网点和生活垃圾分类网点的融合，在大型社区、办公楼、商超、医院、学校等公共场所，合理配置生活垃圾的分类收集设施、设备，提高塑料废弃物的收集和运输效率以及回收规范化水平。在农村，统筹县、乡镇、村三级设施建设和服务，合理选择收集、运输、处理模式。二是扩大塑料废弃物的再生利用，建成一批大规模再生塑料的回收交易市场和加工集约地，实现回收加工集群化、市场交易集约化的绿色经济。三是提高塑料垃圾的无害化处理水平。全面推进生活垃圾焚烧设施建设，支持各地尽快补齐、完善生活垃圾焚烧处理能力的短板，减少垃圾填埋处理总量。发展环保焚烧装备和工艺，科学设计焚烧流程，实现绿色排放，避免二次污染。

第三，清理整治，重点区域"应清尽清"。实行联防联控、群防群治，抗击新冠肺炎疫情的成功经验带给我们很多启发。塑料污染治理也应借鉴这个思路，针对重点领域、重点区域，形成政府统领、企业施治、市场驱动、公众参与的塑料污染防治新机制，实现塑料污染"应清尽清"。一是加强江河湖海塑料垃圾清理整治工作。充分发挥各级河湖长制、湾（滩）长制工作平台的作用，加强对海湾、江河、湖泊、水库管理范围内塑料垃圾清理，实现重点水域露天塑料垃圾基本清零。加大海湾、河口、岸滩区域塑料垃圾清理力度，打击船舶垃圾违规排放的行为，保持重点滨海区域无明显塑料垃圾。二是深化休闲广场、旅游景区等重点区域的塑料垃圾清理整治工作。倡导文明旅游，强化对游客的教育引导，对随意丢弃饮料瓶、包装袋、湿巾等常见垃圾的行为进行劝导制止，实现 A 级及以上旅游景区露天塑料垃圾"零容忍"。三是深入开展农村等管理薄弱区域的塑料垃圾清理整治工作。将清理塑料垃圾作为村庄清洁行动的重要内容，利用"门前三包"等制度明确村民责任，组织村民清洁村庄环境，对散落在村庄房前屋后、河塘沟渠、田间地头、巷道公路等区域的露天塑料垃圾进行及时清理，推动村庄历史遗留的露天塑料垃圾基本清零，助力美丽乡村建设。

7 加快基础设施绿色升级

基础设施作为为生活生产等提供必需的公共服务的物质工程设施，是经济发展的基础和必备条件。加快基础设施绿色升级，是促进经济发展和生态环境保护相协调、确保实现"双碳"目标的重要举措。《中华人民共和国国民经济和社会发展第十四个五年规划和2035年远景目标纲要》对实现"双碳"目标提出了要求，明确提出要建设现代化基础设施体系。统筹推进传统基础设施和新型基础设施建设，打造系统完备、高效实用、智能绿色、安全可靠的现代化基础设施体系。

推动能源体系绿色低碳转型

能源体系是经济和社会发展的必备动力来源和物质基础，直接关系到一个国家的战略竞争力和持久发展力。当前，我国处于新型城镇化和工业化深入推进时期，各领域对各类能源和资源的需求呈现刚性增长规律，同时，资源环境制约带来的瓶颈问题凸显，推动能源体系绿色低碳转型是经济社会发展绿色转型必须跨越的关口。《意见》提出，加快构建清洁低碳安全高效能源体系，强化能源消费强度和总量双控，大幅提升能源利用效率，严格控制化石能源消费，积极发展非化石能源，深化能源体制机制改革。

一、推动能源体系绿色低碳转型的重要意义

推动能源体系绿色低碳转型是提升发展能力和素质的必然要求。我国作为当今世界上最大的发展中国家，发展仍是第一要务。由于经济发展过分依赖化石能源的使用，导致出现碳排放总量持续增加和环境污染日益严重的问题，这些问题影响到我国经济发展的质量、效益和可持续性。我国的基础条件有着显著的特点。一方面，自然资源和各类能源总量是比较大的，但人均占有量较低；另一方面，经济社会

发展水平不断提升，但面临的资源环境矛盾问题日益显现。在这一现实条件下推进社会主义现代化建设，既需要注重体量与速度，又需要关注环境与生态效益。

党的十八大以来，在能源安全新战略的科学指引下，我国能源结构调整突飞猛进，到"十三五"末煤炭消费占能源消费总量比重历史性降至56.8%，非化石能源消费比重增长到15.9%，非化石能源发电装机规模增长到9.8亿千瓦、位列世界第一，为全球的生态文明建设作出了重要贡献，也为实现"双碳"目标打下了坚实基础。在巨大的发展成就面前，我们也必须清醒地认识到，我国能源绿色低碳转型仍然面临诸多挑战。例如，能源资源供给和需求之间矛盾较多；能源利用转化的技术较落后；地方发展清洁能源动力不足；等等。因此，要树立绿色低碳的鲜明导向，坚定推动能源体系绿色低碳转型，提升发展能力和素质，更好地完成保障能源安全与推动绿色低碳发展两大任务，努力推动我国能源革命实现新的历史性飞跃。

推动能源体系绿色低碳转型是改善生态环境、应对全球气候变化的题中应有之义。随着全球工业经济的快速发展，传统化石能源的大量使用，导致包括二氧化碳、甲烷等六种气体在内的温室气体排放量迅速增加，随之造成的全球气候环境问题正在加剧。当前人类已进入互联互通时代，正在全球蔓延的新冠肺炎疫情生动昭示了全球各国之间是利益休戚相关、命运紧密相连的。面对这些日益严峻的全球性气候问题，需要国际社会共同努力，促进全球能源可持续发展，积极应对气候变化挑战，建设一个绿色低碳世界。随着绿色发展步伐的不断加快，发展清洁能源、降低碳排放已经成为国际社会的普遍共识，

120 多个国家提出了温室气体净零排放或实现碳中和的目标。[①] 我国发挥负责任大国的积极作用，展示应对气候变化的积极态度，全面推进能源绿色低碳发展，有助于提振国际社会共克时艰的信心和士气，促进共同但有区别责任原则、公平原则和各自能力原则得到有效落实，有助于寻求共同应对气候变化的最大公约数，促进各国共同保护地球家园。

2021 年我国能源消费结构

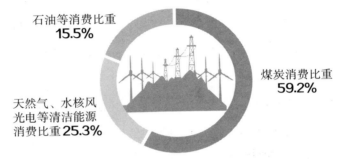

石油等消费比重
15.5%

天然气、水核风光电等清洁能源消费比重 **25.3%**

煤炭消费比重
59.2%

数据来源：国家能源局

二、推动能源体系绿色低碳转型的主要内容

第一，聚合能源体系绿色低碳转型的共识。实现"双碳"目标涉及现代化建设的方方面面，必须强化战略思维、拓宽战略视野、作好顶层设计，切实增强工作的原则性、系统性、预见性和创造性。一是坚定不移贯彻新发展理念，统筹处理好发展和减排的关系，坚持两手抓、两手都要硬，着力以绿色低碳发展引领减排进程，以减排约束倒

---

① 参见郑青亭：《绿色是"一带一路"的底色 今年上半年可再生能源投资占比首超化石能源》，《21 世纪经济报道》2020 年 12 月 28 日。

逼行业创新。统筹处理好整体和局部的关系，自觉把局部利益放在整体利益中把握考量，引导各重点行业主动适应绿色低碳发展要求，努力为行业作出更多贡献。二是深入开展节能降碳全民行动。加强节能低碳全民教育，坚决遏制奢侈浪费和不合理消费，形成绿色低碳社会新风尚。三是加强国际能效合作。积极宣传中国节能为全球可持续发展作出的巨大贡献。依托绿色"一带一路"建设、南南合作等机制，带动先进节能技术产品、标准、业态模式走出去，为全球应对气候变化和能效提升贡献中国智慧、中国方案。

第二，完成能源体系绿色低碳转型的任务。充分发挥好我们集中力量办大事的制度优势，加强战略规划引领，健全工作运行机制，完善对能源资源消费总量和消费强度"双控"制度，稳步推动能源碳达峰。科学设置战略目标，紧紧围绕2030年单位国内生产总值二氧化碳排放比2005年下降65%以上、非化石能源占一次能源消费比重达到25%左右，森林蓄积量将比2005年增加60亿立方米，风电、太阳能发电总装机容量达到12亿千瓦以上等国家自主贡献目标[1]，对能源碳排放、消费、效率等行业指标进行深入论证测算，主动认领任务、分解细化落实，努力做到符合实际、切实可行，树立起科学合理的目标指引。明确聚焦战略任务，坚持节约能源和降低排放两大方向，以供给侧结构性改革为主线，供给侧需求侧协同发力，严控煤电项目，严控煤炭消费，加快发展风电、太阳能发电等非化石能源，不断扩大绿色低碳能源供给，大力压减高耗能高碳排放能源消费，以高质量的供需互动促进任务有效落实。加强政策措施保障，结合贯彻落实《中

---

[1] 参见汪晓东、刘毅、林小溪：《让绿水青山造福人民泽被子孙——习近平总书记关于生态文明建设重要论述综述》，《人民日报》2021年6月3日。

华人民共和国国民经济和社会发展第十四个五年规划和 2035 年远景目标纲要》，制定出台能源碳达峰实施方案以及电力、煤炭、石油、天然气、新能源、储能、政策体系等分领域措施，明确总体要求、主要目标、重点任务，确保一张蓝图绘到底。

我国实现碳达峰目标的蓝图

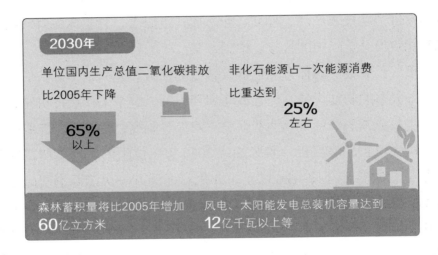

三、推动能源体系绿色低碳转型的具体举措

第一，坚持节能优先方针。节能是实现"双碳"目标的关键支撑。对能源资源消耗特别是化石能源的消耗是我国二氧化碳排放最主要的来源。要如期实现"双碳"目标，就必须坚定不移把节约能源资源放在首位，充分发挥节能的源头把控作用，以较低峰值的水平实现碳达峰。坚持节约资源和保护环境是我国的基本国策，因此要坚持节能优先方针，树立节能就是增加资源、减少污染、造福人类的理念，把节能贯穿经济社会发展全过程和各领域，进一步发挥以节能提高能效的

倒逼引领作用，严格控制增量、调整优化存量，加快推动产业转型升级，促进我国产业发展向中高端迈进。

第二，不断提升能源利用效率和减碳水平，切实从源头和入口形成有效的碳排放控制阀门。坚持和完善能耗双控制度，严格能耗强度约束性指标管理，合理控制能源消费总量。健全能耗双控管理措施，增强能耗总量的管理弹性，推动能源体系在资源配置上更加合理、能源利用效率不断提高。加强产业规划布局、重大项目建设与能耗双控政策的有效衔接，加快煤炭减量步伐，严控煤电项目，积极推动钢铁、建材、化工等主要耗煤行业减煤限煤，大幅压减散煤。合理控制石油消费增速，科学优化天然气消费结构，全面实施油气绿色生产行动，大力推进油气输送降碳提效，积极推动油气加工转型升级，深入开展碳捕集技术研发应用。

第三，实施可再生能源替代行动。实现"双碳"目标，必须加快实施可再生能源替代行动，提升可再生能源利用比例。2021年2月，国务院发布的《关于加快建立健全绿色低碳循环发展经济体系的指导意见》指出，要提升可再生能源利用比例，大力推动风电、光伏发电发展，因地制宜发展水能、地热能、海洋能、氢能、生物质能、光热发电。近年来我国可再生能源实现跨越式发展，2020年可再生能源开发利用规模稳居世界第一。截至2021年底，我国可再生能源发电装机总规模达10.63亿千瓦，占总装机的比重达44.8%，较2012年增长17.0个百分点。而提升可再生能源利用比例，是必须长期坚持和发展的一项任务。要坚持可持续发展战略，大力推进非化石能源迭代发展，稳步加快替代力度和节奏，切实让绿色低碳发展的成色更足、分量更重。完善可再生能源相关立法，通过政府积极参与和加强法律实施，建立可再生能源的主导产业地位。根据能源的自然禀赋条件，建立区域性的可再生能源产业群。比如，加快发展风电、光伏产业，优先推进东中南部地区风电光伏就近开发消纳，积极推动东南沿海地区海上风电集群化开发和"三北"地区风电光伏基地化开发。积极稳妥发展水电、核电，开工建设一批重大工程项目，充分发挥重大工程项目的战略作用。

第四，加强绿色科技突破和技术创新应用。当前，碳排放的大部分来自支撑我们现代生活必需的能源消费。要走向零碳、低碳，要实现从化石能源支撑向依靠非化石能源的系统性变革，必须靠科技突破和创新。加快低碳技术创新应用是走向碳中和目标的重要解决方案。支撑走向碳中和的变革，需要多方面技术突破、需要技术体系的整体转型。我们可以把碳中和、零碳时代的技术分为低碳技术、零碳技术、负碳技术，其中负碳技术包括碳捕集与封存、基于自然的解决方案、空气捕捉二氧化碳技术、地球工程等。

第五，走向低碳和零碳涉及各行各业多种形式的创新。这些创新技术是高度集成的。一要推广建设智能电网，加强城镇智能配电网建设，积极推进乡村配电网整体升级完善。二要在农村地区因地制宜发展生物质能、地热能等其他可再生能源，在北方城镇积极发展清洁热电联产集中供暖，稳步推进生物质耦合供热。三要加强对燃煤的清洁高效开发和转化利用，严控新增煤电装机容量，不断提高大容量、高参数、低污染煤电机组的占比。四要加快建设天然气基础设施互联互通重点工程。五要积极发展安全高效储能技术，加快大容量储能技术研发推广，提高能源输配效率，提升电网汇集和外送能力。六要开展二氧化碳捕集、利用和封存试验示范。

第 二 节

提升交通基础设施绿色发展水平

交通基础设施是指为居民出行和社会产品运输提供交通服务的固定工程设施，包括公路、铁路、桥梁、隧道、机场、港口、航道、管道以及城市轨道、道路及其配套设施等，是各种运输工具赖以运行进而实现人或货物时空位移的物质基础，是重要的经济类基础设施。交通基础设施绿色发展是适应社会经济发展与自然资源环境承载力要求的可持续发展，其核心是交通运输系统与资源、环境之间的兼容、和谐发展。《意见》提出，要加快推进低碳交通运输体系建设，优化交通运输结构，推广节能低碳型交通工具，积极引导低碳出行。

一、提升交通基础设施绿色发展水平的重要意义

提升交通基础设施绿色发展水平是交通基础设施产业体系转型升级的需要。未来，随着我国经济社会的不断发展、人们生活水平的日益提升和交通运输技术的不断进步，人们对交通基础设施的保障能力和服务水平的要求也将不断提高，客观上要求交通基础设施不断更新改造和提档升级，从而为旅客和货主提供便捷高效、安全经济的交通运输服务。与此同时，交通基础设施网络规模的不断扩大和既有交通设施逐步进入老化期，也增加了交通基础设施改造升级的需求空间。

当前，我国交通基础设施建设和发展逐步实现了从改革开放前的传统基础设施向交通基础设施产业化过渡，并将最终向现代交通基础设施产业体系转型升级。构建绿色交通运输系统，实现交通基础设施产业绿色发展，是未来我国交通基础设施产业转型升级的重要内容和主攻方向。

提升交通基础设施绿色发展水平是可持续发展战略和理念与中国国情的融合。交通运输业是国民经济中基础性、先导性、战略性产业和重要的服务性行业，必须全面贯彻落实绿色发展理念，为实现生态文明建设目标提供有效支撑。从空间构成上看，绿色交通系统不仅包括"适应人居环境发展趋势的城市交通系统"（狭义的绿色交通系统），还应包括资源节约型和环境友好型的区际、城际和农村交通系统。从内容构成上看，该系统不仅包括结构合理的基础设施系统，而且包括安全高效、节能环保的运输装备系统和管理服务系统。

二、提升交通基础设施绿色发展水平的主要内容

第一，落实"生态优先，绿色发展"的总要求。中共中央、国务院先后印发的《交通强国建设纲要》和《国家综合立体交通网规划纲要》将绿色交通作为主要发展目标和重要建设内容。中国交通运输业在政策、规划、设计、建设、运营等方面深入贯彻绿色发展理念，围绕交通生态保护、节能减排、污染防治、资源集约节约利用等开展了大量工作，全方位、全地域、全过程的绿色交通发展格局正在加速形成。一是交通运输绿色发展顶层设计初步形成。交通运输部先后下发了《推进交通运输生态文明建设实施方案》《关于全面深入推进绿色交通发展的意见》《交通运输部关于全面加强生态环境保护坚决打好

污染防治攻坚战的实施意见》等10多个绿色交通政策文件，为交通运输业的绿色发展提供了政策依据。二是新能源和清洁能源应用加快，新能源和清洁能源车辆、港口岸电等方面蓬勃发展。三是运输结构调整的效果开始显现。持续推动大宗货物运输"公转铁""公转水"，大力支持大型工矿企业、港口集疏运铁路、物流园区和铁路专用线建设，全国铁路货物发送量和集装箱铁水联运量大幅增长。总体上，单位运输周转量能耗和排放量持续下降。

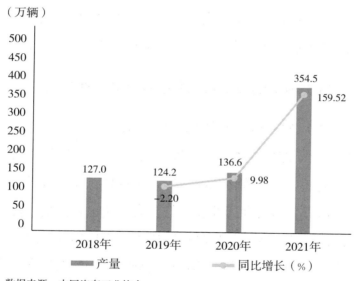

2018—2021年我国新能源汽车产量及增速情况

数据来源：中国汽车工业协会

第二，不断增强交通基础设施结构优化对生态保护的作用。从《国家综合立体交通网规划纲要》中的各种运输方式总体规模的变化情况来看，铁路、航道的规模增速将明显快于公路，到2035年高速铁路、高等级航道的规模与现状相比接近翻番。交通基础设施结构的优化，将有力支撑"公转铁""公转水"，公路客货运周转量占比将明显降低，对控制行业大气污染和温室气体排放具有显著作用。交通基础设施生态保护力度不断增强。一是公路建管养运全过程绿色发展走向深入，组织实施了津石高速公路天津段、国道 G320 线沪浙界至北松公路段等 33 个绿色公路典型示范工程，生态选线、绿色设计、标准化施工、建养一体化的环境效益不断显现。二是绿色港口和航道建设广泛推进，生态护岸、生态护滩、人工鱼礁等新材料、新技术、新结构、新工艺在航道建设工程中得到应用。三是交通美化与旅游融合发展加速推进，发布《关于促进交通运输与旅游融合发展的若干意见》，支持各地建设了一批旅游公路、主题服务区、美丽农村路。总体上，交通基础设施生态保护修复的范围和力度不断加大。

三、提升交通基础设施绿色发展水平的具体举措

第一，将生态环保理念贯穿交通基础设施规划、建设、运营和维护全过程。《国家综合立体交通网规划纲要》（以下简称《规划纲要》）是我国综合交通基础设施体系建设的顶层规划，在综合考虑关键环境影响因素，协调处理交通行业发展与生态系统保护修复、环境污染防治、资源能源节约、温室气体减排等相关生态环境要素之间关系的前提下，提出了我国交通基础设施建设的规模、网络布局和方式结构规划；指出到 2035 年，我国将基本建成便捷顺畅、经济高效、绿色集约、智能先进、安全可靠的现代化高质量国家综合立体交通网，实现国际国内互联互通、全国主要城市立体畅达、县级节点有效覆盖[1]，

---

① 参见《中共中央 国务院印发国家综合立体交通网规划纲要》，中国政府网 2021 年 2 月 24 日。

有力支撑"全国 123 出行交通圈"①（都市区 1 小时通勤、城市群 2 小时通达、全国主要城市 3 小时覆盖）和"全球 123 快货物流圈"（国内 1 天送达、周边国家 2 天送达、全球主要城市 3 天送达），实现交通基础设施质量、智能化与绿色化水平居世界前列的目标。

国家综合立体交通网 2035 年主要指标表

序号	指标		目标值
1	便捷顺畅	享受 1 小时内快速交通服务的人口占比	80% 以上
2		中心城区至综合客运枢纽半小时可达率	90% 以上
3	经济高效	多式联运换装 1 小时完成率	90% 以上
4		国家综合立体交通网主骨架能力利用率	60%—85%
5	绿色集约	主要通道新增交通基础设施多方式国土空间综合利用率提高比例	80%
6		交通基础设施绿色化建设比例	95%
7	智能先进	交通基础设施数字化率	90%
8	安全可靠	重点区域多路径连接比率	95% 以上
9		国家综合立体交通网安全设施完好率	95% 以上

　　针对各运输方式在交通基础设施布局规划中综合协调、集约利用不足造成的资源浪费问题，《规划纲要》强调铁路、公路、水运、民航、邮政快递基础设施之间的统筹协调、相互协同、深度融合，实现多种运输方式之间对交通基础设施的集约利用。特别是在通道线位资源、岸线资源、土地资源、空域资源、水域资源等方面，促进交通通

---

　　①《中共中央　国务院印发〈交通强国建设纲要〉》，中国政府网 2019 年 9 月 19 日。

道由单一向综合、由平面向立体发展，推动铁路、公路等线性基础设施的线位统筹和空间整合，减少对国土空间和生态系统的分割，有效提升自然资源节约集约利用水平。为适应我国国土空间管控趋紧的形势要求，《规划纲要》提出"节约集约利用土地资源""加强永久基本农田保护"，可有效缓解未来土地资源供给和耕地保护的压力，同时提出加强"废旧建材再生利用"，重点提升交通基础设施建设资源集约节约与循环利用水平。[①]

第二，推进交通运输与土地空间协调发展，积极优化交通基础设施空间布局，推动形成与生态保护红线、自然保护区相协调，与资源环境承载力相适应的交通网络。对于航道和港口等水运交通基础设施，要关注并减缓航道整治、航运枢纽和码头建设、港口围填海等活动对水生态和水环境的影响。推动绿色铁路、绿色公路、绿色航道、绿色机场、绿色枢纽、绿色港口试点示范和全面开展有机结合。强化交通生态环境保护，开展原生动植物保护、表土收集利用、湿地连通等工作，降低新改建交通基础设施对重要保护物种栖息地、重要自然生态系统的影响。推动陆路交通基础设施工程创面生态修复，因地制宜建设动物通道，减少人工痕迹，营造"近自然"环境。推动水路交通基础设施建设生态护岸，恢复底栖环境，加强增殖放流，建设洄游通道，尽可能保护水生物种及其完整生存环境。

第三，加强新能源汽车充换电、加氢等配套基础设施建设。针对未来运输活动消耗的终端能源总量增长情况，《规划纲要》提出，"加

---

① 参见《贯彻生态文明建设要求 推进交通运输绿色发展》，《中国交通报》2021年4月5日。

强可再生能源、新能源、清洁能源装备设施更新利用"，"促进交通能源动力系统清洁化、低碳化、高效化发展"。预计单位运输周转量能耗将逐步下降，国家能源供给可以满足行业需求。同时，能源消耗结构将逐步优化，清洁能源尤其是电力消耗占比不断提升，传统化石能源占比将大幅下降。这就要求加强新能源汽车充换电、加氢等配套基础设施建设。2020 年 12 月 22 日，国务院新闻办公室发布的《中国交通的可持续发展》白皮书提出，推进交通运输绿色发展，全面推进节能减排和低碳发展。截至 2019 年底，全国铁路电气化比例达到71.9%，新能源公交车超过 40 万辆，新能源货车超过 43 万辆，天然气运营车辆超过 18 万辆，液化天然气（LNG）动力船舶建成 290 余艘，机场新能源车辆设备占比约为 14%，飞机辅助动力装置替代设施全面使用，邮政快递车辆中新能源和清洁能源车辆的保有量及在重点区域的使用比例稳步提升。[①] 因此，就必须在交通基础设施中完善供电、加气、加氢等配套设施，提高交通运输装备生产效率和整体能效水平。推广港口岸电、飞机辅助动力装置替代设施建设与应用，推动有关部门开展高速公路服务区、客货枢纽、机场场内充电设施建设。

第四，积极推广应用节能环保先进技术和产品。针对早期已建成交通基础设施遗留的生态环境问题，结合改扩建工程开展生态修复工作，需要充分关注并统筹相关生态环境要素。在交通基础设施建设中积极推动钢结构桥梁、环保耐久节能型材料、温拌沥青、低噪声路面、

---

① 参见高江虹：《从交通大国走向交通强国，中国还需要迈过哪些坎？》，《21 世纪经济报道》2020 年 12 月 23 日。

低能耗设施设备等节能技术和产品的应用。^① 加大工程建设中废弃资源综合利用力度，推动废旧路面、沥青、疏浚土等材料以及建筑垃圾的资源化利用，推进废旧材料、设施设备和水资源循环利用。

---

① 参见《国家综合立体交通网规划纲要》编制工作公路行业组、安全组、智慧组、绿色组:《公路发展的具体要求有哪些？》,《中国公路》2021 年第 4 期。

▼

推进城镇环境基础设施建设升级

当前我国城镇化水平不断提高，新型城镇化高速发展，城镇人口急剧增长。尽管各地不断加强环境基础设施建设，但是其配套建设进度仍然没有达到同步水平，带来了城镇环境污染和生态破坏等问题，一定程度上无法满足人民对美好生态环境的需求，并成为危害人民群众健康、制约城镇经济社会发展和影响社会稳定的因素。

一、推进城镇环境基础设施建设升级的重要意义

城镇环境基础设施建设事关生态文明、绿色发展和人民福祉。[①]环境基础设施是社会经济发展的基本物质条件，是与防治污染和改善生态环境直接有关或交叉联系的建设项目，是为生产、生活提供环境条件的基本设施，一般包括城市污水处理、垃圾处理、集中供热、燃气、环境绿化等基础设施。

当前我国环保事业仍在持续推进，增强基础设施建设，发展节能减排技术仍是长期发展目标。推进城镇环境基础设施建设升级可给

---

① 参见熊鹰:《深化城乡环境基础设施建设正当时》,《湖南日报》2019 年 4 月 25 日。

城镇居民供应更多新鲜的空气、干净的饮用水、安全放心的食材等生态产品，能够不断提高群众的获得感、幸福感、安全感。同时，这项工作既能打造生态名片，吸引投资、扩大需求，又能加快技术创新升级，促进城镇各产业的发展和城乡建设，形成城镇居民经济收入的增长点，这是贯彻落实中央"六稳"部署要求，保持经济平稳健康发展的重要举措。

推进城镇环境基础设施建设，才能让天更蓝、山更绿、水更清、环境更优美的目标逐渐成为现实。由于区域发展不平衡、历史欠账等原因，城镇环境基础设施短板问题仍然制约着生态环境质量的持续改善。当前，城镇环境基础设施还存在建设不充分、城乡发展不平衡、建设管理不系统、政策机制与服务体系不健全等问题。例如，在部分城市尤其是经济欠发达地区、郊区等，缺乏相关的环境基础设施或者环保措施建设不完善，导致城市生活污水和垃圾无处排放和处理，进而影响了城市的环保工作，导致城市循环系统梗阻。另外，在我国北方地区，由于缺乏相应集中的供暖措施和规划，冬天以分散式供暖为主，加剧了城镇空气污染，这对城镇居民的身体健康和经济的高质量发展产生了不良影响。因此，在抓经济建设的同时，要注重城镇环境基础设施的建设，实现协调发展。

二、推进城镇环境基础设施建设升级的主要内容

第一，聚焦民生痛点，实现城镇环境基础设施建设协调发展，就是把城镇居民对美好生态环境的需要作为工作的出发点和落脚点，统筹考虑城镇环境基础设施的功能、资金和效益的总体平衡。重点做好净水供应、污水治理、臭水整治、垃圾分类等环境基础设施建设，一

体推进城中村改造，加强对城市绿化和生态环境的修复，建设海绵城市、加大城市地下空间开发利用力度。在农村地区推进"厕所革命"，加快填补乡镇盲区，努力实现城乡环境基础设施建设统筹协调发展。

推进城镇环境基础设施建设升级的主要内容

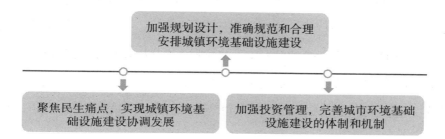

第二，加强规划设计，准确规范和合理安排城镇环境基础设施建设。准确调节自然资源供给，加强土地集约利用，确保生产空间、生活空间和生态空间的一体化发展。加大淘汰落后产能力度，加快清洁生产和资源综合利用，完善以"绿色生产—绿色采购—绿色消费"为核心的绿色供应链管理。[①] 大力推进重大环保基础设施建设、生态保护与修复工程、资源循环利用低碳产业、节能环保技术投资，使之成为引领经济发展的"重要引擎"，加快形成供给侧结构性改革新动力，助力高质量发展。

第三，加强投资管理，完善城镇环境基础设施建设的体制和机制。要创新城乡环境基础设施建设与运行、生态补偿、专家评估、群众听证会等制度和机制，转变投资理念，扩大社会投资，确保各类设施建

---

① 参见于会文：《强化环境保护就是推动高质量发展》，《中国环境报》2018 年 1 月 23 日。

设好、运转好、使用好。① 加强政府对污水处理、垃圾回收等环境基础设施建设的规划和指导，加强公共平台建设，将城镇环境基础服务作为产业综合创新服务的重要内容，扩大城镇环境基础设施建设，增加环保产业投资，建立健全绿色金融体系，发展与环境基础设施建设相关的金融产品和运营模式。② 充分发挥科技支撑作用，促进高新技术的应用推广，实现设施管理全过程、全方位、全阶段的科学化、智能化、精细化。注重城乡结合，紧紧围绕产业集聚区、美丽村庄、特色小镇建设和区域经济发展需要，重点投资增长更好、效率更高、产业带动效应更大、社会效益更强的产业，创造新的经济增长点。

三、推进城镇环境基础设施建设升级的具体举措

第一，推进城镇污水管网全覆盖。城镇人口集中，生活污水排量较大，是污染江河的主要源头之一。由于早些年城市规划不完善，部分地区污水处理设施建设滞后，存在污水管网未全覆盖、管网错混接、结构性隐患普遍存在、雨污不分流等情况。"十三五"时期以来，我国城镇化率及国内生产总值保持快速增长，年总用水量控制在 6700 亿立方米以内，没有出现同步增长。同时相关行业报告和统计资料显示，2019 年我国城镇污水排放量约为 750 亿立方米，但再生水利用量不足 100 亿立方米，不到城镇污水排放量的 15%，亟待加快推进。③

---

① 参见贺佳、陈淦璋、周帙恒：《杜家毫：把城乡环境基础设施建设抓紧抓好　更好地稳投资补短板惠民生促发展》，《湖南日报》2019 年 4 月 9 日。
② 参见熊鹰：《深化城乡环境基础设施建设正当时》，《湖南日报》2019 年 4 月 25 日。
③ 参见陈婉：《十部门印发〈关于推进污水资源化利用的指导意见〉污水资源化利用步伐有望加快》，《环境经济》2021 年第 5 期。

所以，《中共中央关于制定国民经济和社会发展第十四个五年规划和二〇三五年远景目标的建议》明确要求，治理城乡生活环境，推进城镇污水管网全覆盖，基本消除城市黑臭水体。为加大城镇生活污水处理设施建设，提高污水处理能力，要全面推进城镇污水管网全覆盖。具体措施主要包括彻底清查污染源，推进生活污水收集处理设施改造和建设，完善建设模式及资金筹措制度，建立排污管网排查和定期检测刚性制度，健全管网建设质量管控机制等。通过完善公共管网、整改管网错混接问题、治理管网结构性隐患、推进合流渠箱清污分流、排水单元达标创建等工程手段，修复管网存在的问题，解决雨季污水溢流难题，推进城市生活污水收集处理设施"厂网融合"，加快污泥无害化、资源化处置设施建设，因地制宜布局污水资源化利用设施，力求消除城市黑臭水体问题。

第二，加快城镇生活垃圾处理设施建设。加快城镇生活垃圾处理设施建设，是推进生活垃圾分类制度实施，实现生活垃圾减量化、无害化、资源化处理的基本保证。2021 年 5 月，国家发展改革委和住建部联合印发了《"十四五"城镇生活垃圾分类和处理设施发展规划》，规划回顾了"十三五"期间我国生活垃圾处理能力建设情况。截至2020 年底，全国新建垃圾无害化处理设施 500 多座，城镇生活垃圾设施处理能力超过 127 万吨 / 日，较 2015 年增加 51 万吨 / 日，新增处理能力完成了"十三五"规划目标，生活垃圾无害化处理率达到99.2%，全国城市和县城生活垃圾基本实现无害化处理。目前，城市生活垃圾分类处理设施还存在处理能力不足、区域发展不平衡、存量填埋设施潜在环境风险大、管理体制机制不健全等问题。我国生活垃圾采取填埋方式处理的比重依然较大，生活垃圾回收利用企业"小、散、乱"和回收利用水平低的情况仍普遍存在，城市生活垃圾资源化利用率约为 50%，有较大的提升空间。未来我国将统筹规划分拣处理中心，推动可回收物资源化利用设施建设，进一步规范可回收物利用产业链，确保 2025 年底全国城市生活垃圾资源化利用率达到 60% 左右。要着力解决城市生活垃圾处理设施存在的突出问题，确保如期实现目标。一要加快完善垃圾分类设施体系，进一步健全分类收集设施，加快完善分类转运设施。二要加强生活垃圾焚烧设施规划布局，持续推进焚烧处理能力建设，开展既有焚烧设施提标改造。三要规范好垃圾填埋处理设施建设，开展库容已满填埋设施封场治理，提升既有垃圾填埋设施运营管理水平，适度规划建设兜底保障填埋设施。四要统筹规划分拣处理中心，推动可回收物资源化利用设施建设，进一步规范可回收物利用产业链。①

第三，加强有害垃圾分类和处理。有害垃圾是指对人体健康或者自然环境造成直接或潜在危害的废弃物。有害垃圾主要包括废电池（充电电池、铅酸电池、镍镉电池、纽扣电池等）、废油漆、消毒剂、荧光灯管、含汞温度计、废药品及其包装物等。加强有害垃圾集中处置能力建设，有三方面工作需要持续用力。一是完善有害垃圾收运体系。实行有害垃圾分类排放，规范有害垃圾收运管理，不断提高收集率和收运效率，扩大收运覆盖面，提高暂存设施和运输能力。完善有害垃圾收集运输网络，推广密闭化收运，减少和避免收运过程中的二次污染。二是规范有害垃圾处置。根据生活垃圾分类产生的有害垃

---

① 参见《国家发展改革委 住房城乡建设部关于印发〈"十四五"城镇生活垃圾分类和处理设施发展规划〉的通知》，国家发展改革委网站 2021 年 5 月 13 日。

圾数量和类别，制定有害垃圾处理方案，补齐有害垃圾处置设施的短板。加强风险控制，有害垃圾中的危险废物应严格按照危险废物进行管理，并交由有相关危废经营许可资质的单位进行专业处置。[①]

《"十四五"城镇生活垃圾分类和处理设施发展规划》提出的具体目标

垃圾资源化利用率：
到2025年底，全国城市生活垃圾资源化利用率达到60%左右

垃圾分类收运能力：
到2025年底，全国生活垃圾分类收运能力达到70万吨/日左右，基本满足地级及以上城市生活垃圾分类收集、分类转运、分类处理需求；鼓励有条件的县城推进生活垃圾分类和处理设施建设

垃圾焚烧处理能力：
到2025年底，全国城镇生活垃圾焚烧处理能力达到80万吨/日，城市生活垃圾焚烧处理能力占比65%左右

第四，做好厨余垃圾资源化利用和无害化处理。厨余垃圾极易腐烂变质，若处置不当，可能会引发"地沟油""垃圾猪"等食品安全问题，严重影响市容并污染环境，危及居民身体健康。清华大学固体废物污染控制及资源化研究所的统计数据表明，我国城市每年产生6000万吨厨余垃圾。自2010年开始，国家发展改革委、住房和城乡建设部、原环境保护部、原农业部组织开展了城市厨余废物资源化利用和无害化处理试点工作。"十二五"期间，成立了100个厨余

---

① 参见《国家发展改革委　住房城乡建设部关于印发〈"十四五"城镇生活垃圾分类和处理设施发展规划〉的通知》，国家发展改革委网站2021年5月13日。

垃圾处理试点城市，覆盖了 31 个省级行政区并覆盖一、二、三线城市。截至 2015 年底，全国已投运、在建、筹建（已立项）的厨余垃圾处理设施（50 吨／日以上）至少有 118 座，总计处理能力超过 2.15万吨／日，其中投入运行的厨余垃圾处理设施为 43 座。由于厨余垃圾处理处置及资源化利用市场的管理政策欠缺、技术路线单一、运营模式不成熟，导致行业发展不规范，盈利模式不清晰，产业化进程缓慢。[①] 餐厨垃圾治理是民生实事，也是生态环保要事。要围绕厨余垃圾前端集中收集、中端统一运输、末端集中处置的目标，建立厨余垃圾管理体系，促进厨余垃圾减量化、无害化处理和资源化利用，确保厨余垃圾收集、运输管理有序，处置科学规范。一是科学选择处理技术路线。根据厨余垃圾分类收集情况，积极推广厨余垃圾资源化利用技术，合理利用厨余垃圾生产生物柴油、沼气、土壤改良剂、生物蛋白等产品。二是有序推进厨余垃圾处理设施建设。按照科学评估、适度超前的原则，以集中处理为主，分散处理为辅，稳步有序推进厨余垃圾处理设施建设。鼓励有条件的地区积极推动既有设施向集成化、智能化、自动化、低运行成本的现代化厨余垃圾处理系统方向改进。三是积极探索多元化可持续运营模式。探索建立市场化的建设和运行模式。鼓励社会专业公司参与运营，不断提升厨余垃圾处理的市场化水平。[②]

[①] 参见邓俊：《餐厨垃圾无害化处理与资源化利用现状及发展趋势》，《环境工程技术学报》2019 年第 6 期。

[②] 参见《国家发展改革委　住房城乡建设部关于印发〈"十四五"城镇生活垃圾分类和处理设施发展规划〉的通知》，国家发展改革委网站 2021 年 5 月 13 日。

改善城乡人居环境

改善城乡人居环境是践行以人为本、提高人民生活水平和幸福指数的重要举措。要建设人与自然和谐共生的生命共同体，必须把保护城乡生态环境摆在更加突出的位置。《意见》提出，提升城乡建设绿色低碳发展质量，推进城乡建设和管理模式低碳转型，大力发展节能低碳建筑，加快优化建筑用能结构。要科学合理地规划城乡生态空间、生产空间和生活空间，处理好城乡生产生活和生态环境保护之间的关系。创新工作机制，改善城乡人居环境，提升功能品质，努力开拓高质量的城乡绿色发展新道路，使乡人居环境更加美好。

一、改善城乡人居环境的重要意义

改善城乡人居环境事关新发展理念的落实。新发展理念就是创新、协调、绿色、开放、共享的发展理念，其中，绿色发展注重的就是解决人与自然的和谐问题。习近平总书记指出："生态环境没有替代品，用之不觉，失之难存。"改善城乡人居环境是落实新发展理念，尊重自然、顺应自然、保护自然，解决前期经济高速发展积累的生态环境问题的关键举措。

改善城乡人居环境，建设美丽宜居乡镇，是实施乡村振兴战略的一项重要任务。改善农村人居环境，建设生态宜居乡村，是事关人民福祉的大事，是广大群众的热切期盼。现在很多城镇、乡村都在实行绿色建设，包括绿化环境、道路建设、加强环保，从各个方面综合提升城乡的居住环境，以提高人民生活品质。

二、改善城乡人居环境的主要内容

第一，要坚持把改善农村人居环境、建设美丽宜居乡村生态文明作为乡村振兴战略的基础性工作，不断提升治理能力。坚持以社区为基础，把城乡社区作为人居环境建设和整治基本空间单元，着力完善社区配套基础设施和公共服务设施，打造宜居的社区空间环境，提高居民对社区的归属感、认同感，增强社区凝聚力。通过持续努力，让城乡面貌大为改观，为打造生态美、产业优、百姓富的美丽乡村夯实基础。立足乡村现有基础整体推进整治提升，加大村庄公共环境整治力度，加快建立健全符合农村公共事务特点的长效运行管护机制，探索多样化运行管护方式，充分发挥农村基层组织和农民群众的主体作用，引导广大农民群众整治好自家环境、维护好村庄公共环境。

2018 年 2 月 5 日，中共中央办公厅、国务院办公厅印发的《农村人居环境整治三年行动方案》指出，到 2020 年，实现农村人居环境明显改善，村庄环境基本干净整洁有序，村民环境与健康意识普遍增强。以此为标准，结合乡村振兴"三步走"战略，"十四五"期间实现我国农村人居环境整治的目标。到 2025 年，全国农村人居环境显著改善，为乡村振兴战略的阶段成效提供生态支撑。农村生活垃圾有效处理实现全覆盖，农村卫生厕所全覆盖，农村生活污水处理率大幅提高，村容村貌明显改善，全部完成村庄规划管理，长效建设和管护机制基本形成，农民环境保护意识大幅提高，农村公共卫生服务水平持续提升①，呈现出"村庄美、庭院美、生态美"的全新面貌。

第二，城乡人居环境改善的目标任务是把城乡建设成为环境优美、生活舒适的居住地，使人民群众的生活环境、生活质量、生活水平和幸福指数有较大的改善和提升。具体要统筹城乡规划、建设和发展，强化县城综合服务能力，把乡镇建成服务农民的区域中心。同时，一体推进城乡人居环境整治，扎实推进农房管控和村庄风貌提升工程，完善乡村水、电、路、燃气、通信、广播电视、物流等基础设施，巩固提升"四好农村路"建设水平，加强乡村内部道路建设，提高城乡绿化覆盖率和绿地率，深入推进乡村绿化美化，建设绿色村庄和美丽庭院。秉承绿色发展理念，把城乡绿化作为生态文明建设的重要内容，着力强化生态文明理念，提高农民科技文化素质，推动乡村人才振兴，加快生态经济发展，坚持因地制宜、适地适树、彰显特色的原则，赋予绿化灵魂，注入地方特色，让山更绿、水更清、农村更宜居。

---

① 参见王宾、于法稳:《"十四五"时期推进农村人居环境整治提升的战略任务》，《改革》2021年第3期。

《农村人居环境整治提升五年行动方案（2021—2025年）》
提出的行动目标

到2025年，农村人居环境显著改善，生态宜居美丽乡村建设取得新进步

农村卫生厕所普及率稳步提高，厕所粪污基本得到有效处理
农村生活污水治理率不断提升，乱倒乱排得到管控
农村生活垃圾无害化处理水平明显提升，有条件的村庄实现生活垃圾分类、源头减量
农村人居环境治理水平显著提升，长效管护机制基本建立

东部地区、中西部城市近郊区等有基础、有条件的地区，全面提升农村人居环境基础设施建设水平，农村卫生厕所基本普及，农村生活污水治理率明显提升，农村生活垃圾基本实现无害化处理并推动分类处理试点示范，长效管护机制全面建立

中西部有较好基础、基本具备条件的地区，农村人居环境基础设施持续完善，农村户用厕所愿改尽改，农村生活污水治理率有效提升，农村生活垃圾收运处置体系基本实现全覆盖，长效管护机制基本建立

地处偏远、经济欠发达的地区，农村人居环境基础设施明显改善，农村卫生厕所普及率逐步提高，农村生活污水垃圾治理水平有新提升，村容村貌持续改善

三、改善城乡人居环境的具体举措

第一，编制实施村庄规划需要贯彻绿色发展理念。坚持规划先行、因地制宜的原则，相关空间规划应协调城市发展与安全，优化空间布局，合理确定发展强度，鼓励为城市留下空间。突出农村特色，完善村民参与村庄规划建设机制，实行农村建设规划许可管理制度。

开展垃圾处理、污水处理、厕所改造、村庄清洁和畜禽粪便资源化利用"五项行动"，建立以政府财政为主导、村委会和村民自筹的农村清洁资金多元化投资保障机制，鼓励地方政府债券资金用于农村人居环境改善、农村基础设施建设等重点领域，鼓励社会资本参与农村污水处理设施的建设、运营和管理。加快农村公路、水、电、气、信息"五网"体系建设，完善"四好农村路"协调发展机制，加强农村水环境治理，完善农村河（湖）长体系，确保一江碧水向东流。

第二，加强社区规划、建设和管理。合理确定社区规模和管辖范围，建设规模适宜、配套完善、文化浓郁、智能便捷、邻里和谐、治理有效的宜居社区。组织评选"共创"模范社区、先进组织和先进个人，激发各方参与"共创"活动的积极性。改变旧面貌，提高质量，谋求长远发展。大力推进城市更新，着力弥补城市弱势，完善城市功能，提升城市品位，突出城市特色，全面实施城市更新，加强住房保障体系建设。建立"以奖代补"机制，以奖励的形式，对社区居民和社区组织参与面广、效果好的居住环境建设和改造项目进行补贴，推动"共建"活动不断深入开展。进行试点示范。从2019年3月起，天津市、承德市、佛山市等地在其行政区域内选择3—5个不同类型的城乡社区开展"共建"活动试点，利用"互联网＋共建共治共享"等线上线下手段，开展多种形式基层协商，从而建立健全社区人居环境建设和整治机制、推进社区基础设施绿色化；积极开展社区道路综合治理、海绵化改造和建设，并落实生活垃圾分类居民小区全覆盖，从而推进社区基础设施绿色化的落实。优先改造和完善社区公共交通、教育、医疗卫生、文体和商业服务等设施项目，因地制宜确定城乡人居环境建设和改造的具体切入点，探索创新思路、制度、机制、方式和方法。

第三，创建一批高标准示范城市，以示范效应带动整体。建立"美丽城市"评价体系，开展绿色社区创建行动。2014 年发布的《中国特色"美丽城市"评价指标体系》提出坚持系统性、全面性、动态性、地域性、可量化和以人为本的原则，在生态自然美、人文特色美、经济活力美、社会和谐美、政治清明美、生活幸福美等方面建立起"美丽城市"评价体系。在此标准的基础上，各地结合实际情况构建符合当地"美丽城市"要求的评价指标体系，促进各行各业、各个层面对照标准进行美丽城市建设。坚持共建共治共享，通过决策共谋、发展共建、建设共管、效果共评、成果共享，推进人居环境建设和整治由以政府为主向社会多方参与转变，打造新时代共建共治共享的社会治理新格局。根据《GN 中国美丽城市评价指标体系》，2019 年评出了蓬莱仙境美的烟台市、湖光山色美的杭州市、雪域圣城美的拉萨市、青春都市美的深圳市、冰城夏都美的哈尔滨市、北国春情美的长春市等"2019 中国最美丽城市"，树立了"美丽城市"的典型标杆。

2019 中国最美丽城市排行榜

排名	城市	美态定位 2019	排名	城市	美态定位 2019
1	杭州	湖光山色美	2	青岛	世博会都美
3	深圳	青春都市美	4	拉萨	雪域圣城美
5	烟台	蓬莱仙境美	6	哈尔滨	冰城夏都美
7	信阳	山水茶都美	8	徐州	两汉文风美
9	长春	北国春情美	10	安顺	惊世雄瀑美
11	珠海	恬雅文静美	12	肇庆	千里画廊美

续表

排名	城市	美态定位 2019	排名	城市	美态定位 2019
13	聊城	江北水城美	14	惠州	西湖秋波美
15	毕节	花海鹤乡美	16	昆明	春城花都美
17	许昌	水岸花城美	18	黔东南	侗歌苗舞美
19	兰州	不夜金城美	20	银川	西夏古都美
21	牡丹江	林海雪乡美	22	十堰	天人合和美
23	吉林	亲水绿带美	24	张掖	七彩丹霞美
25	益阳	湖湘烟波美	26	宁德	畲都茶乡美
27	鹰潭	仙风道貌美	28	河源	万绿满眼美
29	黔南	精品山水美	30	北海	海上丝旅美

第四，建立乡村建设评价体系，促进补齐乡村建设短板。为加快推进农村人居环境整治，进一步提升农村人居环境水平，《农村人居环境整治三年行动方案》明确提出六大重点任务，分别是推进农村生活垃圾治理，开展厕所粪污治理，梯次推进农村生活污水治理，提升村容村貌，加强村庄规划管理，完善建设和管护机制。农业农村部的数据显示，2019 年，中央财政共安排 70 亿元进行农村厕所革命整村推进财政奖补，安排 30 亿元支持中西部省份整县开展农村人居环境整治。各地分类推进农村厕所革命、生活垃圾和污水处理，扎实开展村庄清洁行动。农村生活垃圾治理，是乡村生态振兴的重要基础和农村人居环境整治的重点任务。按照国家相关部署，农村生活垃圾收运处置体系和生活垃圾分类试点工作已经取得了明显成效。[1] 初步统

---

[1] 参见王宾、于法稳:《"十四五"时期推进农村人居环境整治提升的战略任务》，《改革》2021 年第 3 期。

计，90% 的村庄开展了清洁行动，卫生厕所普及率达到 60%，生活垃圾收运处置体系覆盖 84% 的行政村，我国农村人居环境整治工作效果明显。从农村人居环境整治的六大重点任务来看，广大农村地区在村容村貌治理、村庄规划两个方面已经取得了明显的成效，农村道路硬化、村庄绿化、庭院美化等工程得到了广大农民的普遍认可。稳步推进农村厕所改造。相比新中国成立之初的"一块木板两块砖，三尺栅栏围四边"的广大农村厕所的真实写照，近年来，国家积极推进农村厕所改造工程，大大提高了农村卫生厕所的普及率，也在很大限度上控制了疾病的流行，美化了农村生活环境。"小厕所、大民生"折射出的是党中央、国务院对于农民健康生活习惯的培养，也是贯彻落实习近平总书记提出的"要把人民健康放在优先发展的战略地位"和"把以治病为中心转变为以人民健康为中心"的重要指示精神。1993年第一次农村环境卫生调查结果显示，全国农村卫生厕所普及率仅为7.5%，2017 年全国农村卫生厕所普及率已经达到 81.70%，农村无害化卫生厕所普及率也达到了 62.54%，农村已经累计使用卫生厕所户数达到 21701 户，比 2000 年的 9572 户翻了一番。部分东部发达地区，农村卫生厕所普及率甚至已经达到了 90% 以上。如此大力度的厕所改造，有效地杀灭了粪便中的细菌和寄生虫卵，实现了从源头预防和控制疾病的传播。采取牲畜离院、牲畜出村等方式，积极实施人畜分离工程，改变了牲畜粪便随处可见的现象，降低了人畜共患病风险。而建立长期有效的管护机制是一项系统工程，需要持续开展。因此，在上述六大任务中，农村生活垃圾治理、厕所粪污治理和农村生活污水治理三项工作任务繁重、细节琐碎、区域差异大、农民关注度高，是当前一段时间及未来农村人居环境整治需要啃的"硬骨头"，亟待高度关注。抓好畜禽粪污资源化利用，关系畜产品有效供给，关系农村居民生产生活环境的改善，是促进畜牧业绿色可持续发展的重要举措。2022年2月发布的《中共中央国务院关于做好二〇二二年全面推进乡村振兴重点工作的意见》，要求"加强畜禽粪污资源化利用"。

我国农村人居环境整治三年行动方案取得了重要阶段性成效

2018年以来，累计改造农村户厕4000多万户	
截至2020年底	
全国农村卫生厕所普及率达到**68%**以上	2021年超过**70%**
农村生活垃圾进行收运处理的自然村	比例稳定保持在**90%**以上
农村生活污水	治理率达到**25.5%**

数据来源：农业农村部

第五，加强城市道路建设，合理规划和加快城市绿道建设，改造提升农村道路品质。打造绿色生态走廊，串联城市自然山水人文，促进城乡绿色协调发展，让人民群众共享生态文明建设成果。全面推进海绵城市建设，以解决城市内涝、老旧小区雨污合流为突破口，改造和消除城市易涝点，逐步实现小雨不积水、大雨不内涝;通过"海绵+"的模式，充分与建筑小区、道路广场建设、老旧楼院改造等相结合，修复城市生态环境，构建绿色、和谐、安全的城市居住环境。提升改造雨污水管网，实现雨污分流，邀请水电气、通信等行业部门共同改造，在老旧小区出入口预留管位，为解决源头排水管网雨污分流提供条件。同时，深入打好污染防治攻坚战，实现细颗粒物和臭氧"双控双减"，保护好蓝天白云。在强化河长制湖长制、推进湾长制的基础上，探索实行海岸带带长制、滩长制，推行林长制，推进国家森林城市创建工作，全面创建国家生态园林城市。比如，舟山市自 2017 年起全面推行"湾滩长负责制"，划定纳入管理的湾滩 321 个，涉及岸线总长度 942 千米。按照区域与湾滩流域相结合的原则，建立了市、县、乡、村四级"湾滩长制"组织体系，配备湾滩长 409 名，其中市级总湾长 1 名，县区级湾长 5 名，乡镇街道级滩长 118 名，村社区级滩长 200 名，协管员 85 名，形成责任落实到人、纵到底横到边的"湾滩长制"长效工作机制。①

---

① 参见《推动"湾滩长制"常态化制度化长效化》，《舟山日报》2020 年 11 月 12 日。

8 构建市场导向的绿色技术创新体系

　　党的十九大报告中首次指出，要"构建市场导向的绿色技术创新体系"。绿色技术创新体系是现代企业和市场发展的命脉。健康高效的绿色技术创新体系可以为市场和企业提供源源不断的创新动力。因此，构建一个市场导向绿色高效的技术创新体系，对于推动企业尤其是整个市场、行业具有十分重要的意义。《意见》提出，要加强绿色低碳重大科技攻关和推广应用，强化基础研究和前沿技术布局，加快先进适用技术研发和推广。

第 一 节

培育壮大绿色技术创新主体

绿色技术创新主体在国家创新体系中占有非常重要的地位。在我国，企业是社会主义市场经济的主体，也是国家技术创新的主体。培育壮大绿色技术创新主体是实现"双碳"目标的基础，也是我国绿色经济迅速发展壮大的必由之路。培育壮大绿色技术创新主体必须在强化企业的绿色技术创新主体地位，激发高校、科研院所绿色技术创新活力，推进"产学研金介"深度融合，加强绿色技术创新基地平台建设等方面下功夫。

一、强化企业的绿色技术创新主体地位

近年来，我国科技体制改革不断深入，技术创新体系建设逐渐从过去的政府主导转变为以企业为主体，这是一个深刻的转变。同时，以企业为主体的技术创新体系建设还面临着许多新问题，我国许多重要领域的核心技术和关键产品大量依靠进口，企业核心竞争力和产品自主创新能力不强。

创新主体是决定创新体系能否较好运行的重要因素。过去，一般认为科研院所、高校在绿色技术创新领域发挥着更为关键的作用，是绿色技术创新的主体。从国家知识产权局的统计数据来看，从 2014

年开始，企业的绿色技术创新活动逐渐活跃起来，企业在清洁能源及绿色低碳经济体系等的建设中也发挥着越来越关键的作用。2019年5月，国家发展改革委、科技部出台的《关于构建市场导向的绿色技术创新体系的指导意见》，更是首次明确提出了企业在绿色技术创新领域、技术路线选择及创新资源配置中的决定性作用。这样一来，高校、科研院所长期唱独角戏的尴尬境地被彻底改变，也极大地推动了更多有能力、有专业技术的企业参与绿色技术创新，以达到经济效益、社会效益、生态效益等的有机统一。截至2021年7月，科技型中小企业、高新技术企业均已突破20万家，企业研发经费已经占全国总额的76.4%，技术合同及成交额已占全国总额的91.5%。这些数据说明企业的创新主体地位正在逐步增强。但同时我们必须认识到，当前还存在着中小企业占主导地位、大企业参与度不高的问题，因此，必须进一步强化企业尤其是大企业的主体作用，从而使企业在绿色技术创新领域释放出更多活力。

第一，开展创新"十百千"活动。《关于构建市场导向的绿色技术创新体系的指导意见》明确指出，要大力开展绿色技术创新"十百千"活动。这对于强化企业的绿色技术创新主体作用有着重要意义。通过制定标准规范、开展绿色技术创新"十百千"活动，大力培养绿色技术创新龙头企业、支持创建绿色技术中心、认定创新企业，并且对"十百千"企业参与承担的绿色技术创新重点项目也给予大力支持。此外，对一些"散乱污"的企业也要完善认定办法，采取整改提升、关停取缔等办法强制企业走向绿色发展道路。

我国创新主体逐年增加

截至2021年7月

我国高新技术企业达
27.5万家

科技型中小企业达
22.3万家

2011年以来的10年里

我国平均每年新增 **1.7** 万家高新技术企业

数据来源：科技部

第二，加大政府支持力度。企业绿色技术创新发展是一项关乎环境、生态、资源、效益等各方面的系统工程，难度系数大、技术要求高、运行费用多是其显著特点。这也是很多企业为了利益最大化往往以牺牲环境为代价，而不愿意开展绿色技术创新工作的主要原因。为了更好地促进这一问题的解决，必须让政府明确，市场导向的绿色技术创新项目、财政资金支持的非基础性绿色技术研发项目等都必须有企业的参与，且确保国家重点研发计划支持的绿色技术研发项目、国家重大科技专项由企业牵头承担的不得低于 55%。与此同时，相关减免政策的出台与实施，也是大力支持企业绿色技术创新的重要手段。比如，科学技术部制定并贯彻落实了企业研发费用加计扣除政策，在2020 年给予的鼓励减免税额就超过 3500 亿元，同比增长约 25%，这无疑对企业持续开展绿色技术创新科研工作起到了巨大的促进作用。

二、激发高校、科研院所绿色技术创新活力

高校、科研院所具有得天独厚的文化环境，会聚了众多科技领域的顶尖人才，是基础研究的主力军和重大科技突破的策源地，是最具创新活力的地方。2019 年，3450 家高校和科研院所签订技术合同 42 万项左右，合同金额达到了 940 亿元之多。因此，培育壮大绿色技术创新主体必须在激发高校、科研院所的绿色技术创新活力上下功夫。

第一，健全科研人员评价激励机制。建立绿色技术创新成果转化与绩效考核、职称评定等之间的联系，促使绿色技术创新成果转化的数量、质量、经济效益等指标在绩效考核、职称评定中的比重进一步加大。绿色技术发明人或研发团队获得收益的方式也拓展到分红、持有股权等多种方式，并且其持有股权权利并不会因为其离岗而改变。发明人或研发团队，若是以作价投资、技术转让或许可等方式转化职务绿色技术创新成果的，其获取净收入不得少于 50%。科技人员从转化科技创新成果中获得的现金收入，符合现行税收政策规定条件的，可以按 50% 计收其当月"工资、薪金所得"个人所得税。尤其是《关于构建市场导向的绿色技术创新体系的指导意见》中指出，"高校、科研院所科研人员依法取得的绿色技术创新成果转化奖励收入，不受本单位绩效工资总量限制，不纳入绩效工资总量核定基数"，更是直接打破了对于研究人员激励的重要限制。

第二，加强绿色技术创新人才培养。习近平总书记指出："激发各类人才创新活力，建设全球人才高地。世界科技强国必须能够在全球范围内吸引人才、留住人才、用好人才。我国要实现高水平科技自

立自强，归根结底要靠高水平创新人才。"[①] 应该引导高校、科研院所调整学科布局和专业类目设置，大力培养产业生态学、能源与低碳技术、循环经济等领域前沿学科的人才。建立绿色技术创新人才培养基地，主动布局，并制定出更加系统化、专业化的培养模式规划，以推动优质人才大规模涌现，大力激发各类人才的创新活力。

第三，加强绿色技术创新拔尖人才培养。绿色技术创新领军人物、拔尖人才是能够解决核心科技难题、推动行业发展的灵魂人物。鼓励一部分有条件的职业教育机构开展绿色技术创新教育及培训工作，着力培养一大批领军人物、拔尖人才，并引导、鼓励他们主动服务于绿色技术创新行业，参与核心技术攻关，从而使绿色技术创新行业发展模式更加职业化、专业化，发展进入快车道。

三、推进"产学研金介"深度融合

一直以来，科研与经济脱节的问题普遍存在，科技创新如何引领发展也成为发展的一大难题。为解决这一难题，必须坚持建立以企业为主体，集学研输出、金融助力、中介服务等于一体的创新体系，推进"产学研金介"的深度融合，形成深入合作模式，促进科技成果的转化，推动绿色发展。

---

① 习近平：《在中国科学院第二十次院士大会、中国工程院第十五次院士大会、中国科协第十次全国代表大会上的讲话》，人民出版社 2021 年版，第 15 页。

推进"产学研金介"深度融合

建立绿色技术创新联合体

鼓励绿色技术创新人才流动

推动多元要素的融合创新

第一，建立绿色技术创新联合体。国务院发布的《关于加快建立健全绿色低碳循环发展经济体系的指导意见》明确指出，强化企业创新主体地位，支持企业整合高校、科研院所、产业园区等力量建立市场化运行的绿色技术创新联合体。绿色技术创新联合体将高校、科研院所、企业、金融机构等"捆绑"在一起，可实现技术资本、人力资本、金融资本等之间的相互贯通，使绿色技术创新成果产业化获得增速发展。

第二，鼓励绿色技术创新人才流动。人才流动是打通高校、科研院所、企业等之间科技壁垒的关键环节。人才资源互动模式的形成，能够实现高校、科研院所、企业的互助联动，加快科技的交流融合。高校、科研院所的科技人员可以到绿色技术创新企业长期任职或兼职，离岗创业、转化科技成果期间保留人员编制，三年内可以正常在原单位参与职称申报，创新成果可作为职称评价的重要参考依据。高校、科研院所也可设置一些流动的岗位，引进企业人员兼职从事科研，可以让他们担任创新领域课题或项目牵头人，组建科研团队。

第三，推动多元要素的融合创新。创新成果从实验室走向成熟产品的过程常常被称为走出"死亡之谷"。推进"产学研金介"深度融合必须在"用"上下功夫，推动多元要素的融合创新，构建"产学研金介用"协同创新的生态体系。尤其是要发挥骨干企业、龙头企业的带动作用，由企业牵头，联合高校、科研院所、中介机构、金融资本等共同参与，建设专业的绿色技术创新联盟，以联盟为支撑连接产业链的上下游资源，完成资源的整合，形成多元要素创新能力的合力，集智攻关。

四、加强绿色技术创新基地平台建设

当前，我国绿色技术创新工作还存在服务平台不够、系统整合不足、从科技研发到技术转化困难等问题。必须加强绿色技术创新基地平台建设，提供更加专业的服务平台，整合科技、产业等优势资源，加快创新成果产业化，以更高效、便捷、灵活的方式推动绿色技术创新行业发展。

第一，创新基地建设布局。加快培育一批绿色技术创新基地平台，如国家工程研究中心、国家技术创新中心等。同时，为服务国家重大区域发展战略的实施，应重点在长三角、粤港澳、京津冀等地区建设创新基地。比如，2020 年 12 月，京津冀国家技术创新中心成立。这是我国第一个综合性国家技术创新中心，也是落实新时代科技创新与实现"双碳"目标的重要实践。

第二，让创新成果惠及人民。习近平总书记指出："加快科技创新是实现人民高品质生活的需要。"[1]为了更好地让绿色技术创新成果惠及人民，高等院校、科研院所、国有企业及政府支持的绿色技术创新基地平台所取得的研发成果可以有条件地向社会开放，并且保证动

---

[1] 习近平:《在科学家座谈会上的讲话》，人民出版社 2020 年版，第 3 页。

态更新。与此同时，生态系统野外科学观测研究站等科研监测观测网络和科学数据中心等的数据也应该按照相关规定向社会开放，以共享数据。

第三，建立动态调整机制。建立各类创新基地平台的激励机制、竞争机制、淘汰机制等。对于优质的绿色技术创新基地，要从资金、资源等多方面大力支持；对于不合格的创新基地平台，要敢于淘汰，以确保绿色技术创新基地建设进入良性循环，确保其更快更好地发展。

强化绿色技术创新的导向机制

导向机制是一种具有明确方向、引领作用的机制模式，强化绿色技术创新的导向机制能够帮助绿色技术创新找到正确方向，从而引领绿色发展。具体来说，可从加强绿色技术创新方向引导、强化绿色技术标准引领、建立健全省级政府绿色采购制度、推进绿色技术创新评价和认证等方面下功夫。

一、加强绿色技术创新方向引导

绿色技术创新是一种基于生态保护的技术创新，在保证创新动力、加强创新能力的同时，如何引导创新方向的发展是其中一个关键问题，也是加快促进绿色技术创新产业向生态聚集方向发展的关键。

第一，引导社会资本转向绿色产业。"双碳"目标的提出，将引导大量社会资本转向低碳产业，如在交通、电力、工业、农业、新材料、信息通信与数字化等领域，将涌现出一大批新技术。实现绿色低碳转型是企业打破发展惯性、应对环境变化的一大挑战，更是主动作为、塑造核心竞争力的重大机遇。当前由于对"绿色产业"的界定不统一，且相关政策、资金等资源又极其有限等，我们必须明确主次，将有限的资源用在刀刃上，制定发布绿色产业指导目录、绿色技术推广目录、绿色技术与装备淘汰目录等，引导绿色技术创新方向。与此同时，面对大额绿色产业投资需求，金融体系及监管部门必须完善绿色金融标准，加强环境信息披露等，以防范投资风险。

第二，加大重点领域支持力度。实现"双碳"目标，应该找准发力点，牵住"牛鼻子"，在清洁能源、节能环保、城市绿色发展、生态农业等重点领域聚焦发力，借助国家科技计划，筹划布局一大批重点科技研发项目，研发出一系列关键核心技术，推动提升原始创新能力。对于具体地区而言，在推动重点领域绿色技术发展时，需要结合地区特点，选择适合当地的绿色技术。比如，2020 年 6 月，北京明确提出要重点发展大气污染防控、节水和水环境综合治理等八个领域的绿色技术，努力将北京建设成为具有区域辐射力和国际影响力的绿色技术创新中心。

北京市将重点发展八个领域和若干优势环节的绿色技术

序号	重点领域和若干优势环节的绿色技术
1	大气污染防控
2	节水和水环境综合治理
3	节能与环境服务业
4	固体废物减量化和资源化
5	污染场地与土壤修复
6	现代化能源利用
7	绿色智能交通
8	生态农林业

第三，健全政府支持的绿色技术科研项目立项、验收、评价机制。应树立"项目从需求中来，成果到应用中去"的理念，从源头建立从研发到转移转化之间的联系。建立常态化的绿色技术需求征集机制，科研项目部署始终坚持以需求为导向。完善评价制度改革，建立健全不同科研项目的分类评价制度，始终坚持以质量、贡献、绩效等为核心的评价导向。

二、强化绿色技术标准引领

标准设定是引领绿色技术创新发展的关键方式。通过设定绿色政策法规标准、构建绿色技术标准等方式，可以倒逼企业在绿色技术创新领域聚焦发力，在核心技术领域取得突出成就。

第一，实施绿色技术标准制修订专项计划，明确重点领域标准制修订任务。在城市绿色发展、新能源等重点领域制定一批绿色技术标准，明确技术指标、关键性能，从而推动绿色技术重点领域发展。绿色技术标准的不断完善，能够促使企业增加符合绿色技术标准的优质产品的供给，激发企业增加资金、人力资本等投入，提高企业的竞争力。与此同时，企业也应更加重视与国际环保标准的对接，从而提升绿色创新产品的国际影响力和品牌潜在收益。

第二，定期修订完善强制性标准。习近平总书记指出："各级党委和政府要拿出抓铁有痕、踏石留印的劲头，明确时间表、路线图、施工图，推动经济社会发展建立在资源高效利用和绿色低碳发展的基础之上。不符合要求的高耗能、高排放项目要坚决拿下来。"[1] 为了更

---

[1]《习近平在中共中央政治局第二十九次集体学习时强调 保持生态文明建设战略定力 努力建设人与自然和谐共生的现代化》，《人民日报》2021年5月2日。

好地将生态文明建设与经济发展统一起来，在产品能效、水效、能耗限额、碳排放、污染物排放等方面，我国制定了很多强制性标准并加大了执行力度。必须注意，这些强制性标准不是一成不变的，必须根据产业形势的发展和社会环境的情况，及时进行修订完善。此外，在制定了强制标准之后，政府必须严格贯彻实施。通过强化标准的贯彻执行，倒逼企业主动作为，将资源环境成本计入生产成本，加大对绿色技术创新的投入，引导企业向低碳型企业转型发展。

三、建立健全省级政府绿色采购制度

实现"双碳"目标，应做到有为政府与有效市场之间的相互结合。绿色技术创新体系的建立，既要靠市场发挥调节作用，也要靠政府发挥宏观调控作用。绿色技术创新成果具有能耗低、污染小等特点，但与此相对的是，成本也比一般产业高，定价也就相对不占优势。因此，为了更好提升绿色技术创新成果的市场竞争力，省级政府必须发挥其重要作用，通过建立健全政府绿色采购制度，扩大绿色技术创新成果的市场规模，为绿色技术发展提供坚强支撑。从整体上看，这对于实现国民经济与生态环境之间的和谐发展具有重要意义。

第一，完善法律法规体系。通过立法推行政府绿色采购制度是国际惯例。美国制定的《联邦采购条例》对服务采购作了极为详细的规定，颁布的《资源保护与回收法案》《环境友好型产品采购指南》等又对政府绿色采购从环保角度作出了具体规范；加拿大制定了"绿色行动"计划，并公布了《加拿大联邦政府环境管理成果报告》，对政府绿色采购情况进行了详细报告；欧盟颁布了《政府绿色采购手册》，用来指导政府绿色采购；等等。国际上的这一系列做法为中国政府建

立健全绿色采购制度提供了借鉴。当前,我国关于政府绿色采购制度的立法还不够完善。为了更好推进省级政府绿色采购制度的实行,我国须尽快制定专门的法律法规及相应配套措施,引导省级政府绿色采购制度推行得更广泛、更深入,充分发挥政府的作用。

第二,扩大省级政府绿色采购范围。我国政府绿色采购制度起步比较晚,但发展极为迅速。2004年财政部、国家发展改革委出台的《节能产品政府采购实施意见》,是我国第一个关于政府采购节能产品的文件,标志着我国政府绿色采购制度的正式启动。此后,我国又先后出台很多意见、通知等,形成了以节能环保产品政府采购清单为基础的强制采购和优先采购制度,初步建成了政府绿色采购制度,对政府采购起到了重要的引领作用。当前,绿色技术创新领域发展迅速,须相应扩大省级政府绿色采购范围,发布绿色采购清单,在原有的基础上增加低碳、有机、再生、循环等产品的采购,并逐步将绿色采购制度扩展至企业层面,加大对各类企业自主开展绿色采购业务的鼓励与支持力度。

近十年政府采购环境标志产品规模已达 1.3 万亿元

2020年
政府采购的环境标志产品达到**813.5**亿元   占同类产品采购的**85.5%**

截至2021年11月
财政部和生态环境部共发布了**22**期环境标志产品政府清单和**1**期环境标志政府采购品目清单,清单中有**100**万个产品型号,**90**多大类品目

数据来源:生态环境部

第三，建立公共信息管理中心，加大对专业人员的培训力度。建立全国统一的综合服务信息平台，及时收集、整理、发布采购信息，动态更新国际国内最新技术发展动态，提供采购品牌、型号、价格等参数，实现信息开放共享，提高政府绿色采购的透明度。与此同时，制定培训计划，加大对政府绿色采购人员的培训力度，使其系统学习相关知识，以保证他们的政府绿色采购工作更加高效。

第四，加强对省级政府绿色采购行为的监督。为促进省级政府绿色采购工作更好地开展，必须加强全程监督。采购前，充分论证采购清单，并确立考核指标；采购中，根据前期确立的考核指标进行评价，指出不足并提出改进建议；采购后，再针对整个采购过程进行系统评价。对于专业性较强的绿色资金的评审，也可以组织相关领域的专家开展评审工作。

四、推进绿色技术创新评价和认证

推进绿色技术创新评价和认证是引导和约束企业开展绿色技术创新工作的关键环节。通过分析企业绿色技术创新系统，准确把握企业绿色技术创新的真实水平，促进企业持续加力，以获得竞争优势；通过推进绿色技术创新认证，使产品全过程全产业实现绿色监督认证，从而提升企业开展绿色技术创新工作的积极性。

第一，编制相关评价技术规范。企业绿色技术创新能力由投入能力、研发能力、产出能力等部分组成。在评价企业绿色技术创新能力时，应针对不同部分具体筛选评价指标。例如，在评价绿色技术投入能力时，可通过研发经费占销售额比例、从事绿色技术研发人员占总人数比例等方面来确定评价指标。与此同时，为了使评价更加系统化、规范化、体系化，应该建立健全评价体系，采取定量与定性评价相结合、产品与组织评价相结合的方法，对资源、环境、品质等各方面因素进行综合考虑，科学确定评价的关键指标；推广在绿色技术创新方面有突出成绩的企业的一些做法，大力推动各企业建立健全绿色供应链管理体系，通过信息化技术手段将绿色管理贯彻到包括采购、生产、物流、销售、回收等在内的全过程。

第二，建立健全统一的绿色产品认证制度。建立健全统一的绿色产品认证制度，是推动绿色低碳循环发展、引导产业绿色转型、引领绿色消费的重要举措和有效途径。依据绿色技术标准，对汽车、建材、家用电器等产品进行全生命周期、全产业链的绿色认证。在认证过程中，应积极开展第三方认证工作。为了提升第三方机构认证结果的可靠性和可信度，认证机构须对认证结果负责，承担连带责任等。

推进绿色技术创新成果
转化示范应用

绿色技术创新成果转化示范应用，是科技转化为第一生产力、落实绿色发展的关键举措。推进绿色技术创新成果转化应用必须在建立健全绿色技术转移转化市场交易体系、完善绿色技术创新成果转化机制、强化绿色技术创新转移转化综合示范等方面下功夫。

一、建立健全绿色技术转移转化市场交易体系

党的十八大以来，为充分调动科研人员的积极性，释放更多创新活力，我国深化科技成果处置权、使用权、收益权等的改革，将对科研人员的激励从过去的科技成果收益权直接扩展到使用权、产权等，使科研成果转化不顺畅的问题大为改观。目前，科研成果转化还存在转化链条各主体激励不均衡、转化机构不专业、转化配套政策跟进相对滞后等问题。在这一背景下，我们必须建立健全绿色技术转移转化市场交易体系，充分发挥市场的调节作用，加快绿色技术创新成果转移转化。

第一，建立综合性国家级绿色技术交易市场。2019 年 4 月，国家发展改革委和科技部印发的《关于构建市场导向的绿色技术创新体

系的指导意见》明确提出，要"建立综合性国家级绿色技术交易市场"。2021年2月底，国务院发布的《关于加快建立健全绿色低碳循环发展经济体系的指导意见》强调，深入推进绿色技术交易中心建设。6月9日，我国首个国家绿色技术交易中心在杭州正式揭牌。当天，包括"二氧化碳捕集与资源化利用技术"等在内的30项绿色技术成果上架，等待进行交易。交易中心的设立有利于激发绿色技术创新活力，促进先进绿色技术推广应用，提升我国绿色技术整体水平，将为生态文明和美丽中国建设，实现"双碳"目标提供重要技术支撑。

第二，加强绿色技术交易中介机构能力建设。绿色技术交易中介机构是专业从事绿色技术交易的第三方机构，其能力如何直接关系到绿色技术交易工作开展的成效以及绿色技术创新行业发展的生态环境。应该制定绿色技术创新中介机构管理制度、评价规范等，培育一批从事绿色技术创新认证、评价、第三方检测等的中介服务机构及专业化的绿色技术创新"经纪人"等，促使其向更加专业化市场化方向发展。

二、完善绿色技术创新成果转化机制

绿色技术创新成果转化的过程，从本质来说，是一个科技供给对接市场需求的过程。当前，为解决在绿色技术创新成果转化过程中存在的不顺、不力等问题，应该从完善绿色技术创新成果转化机制入手，真正把人才优势转化为技术优势和产业优势。

第一，完善科技人员考核评价机制。习近平总书记强调："加快实现科技自立自强，要用好科技成果评价这个指挥棒，遵循科技创新规律，坚持正确的科技成果评价导向，激发科技人员积极性。"① 必须坚持以质量、绩效、贡献等为核心的评价导向，使科技人员明确科研的方向。必须扎实推进科技评价制度改革，完善任务导向型和自由探索型科技项目分类评价的制度体系分类。建立健全评价制度要符合科研学术活动的客观规律，切实营造一个好的科研生态，引导科研人员积极投身科研活动，集智攻关。

完善绿色技术创新成果转化机制

第二，构建成果转移转化供需融合发展机制。产业需求导向偏低是影响绿色技术创新成果转移转化的一个重要原因。应该鼓励企业、高等院校、科研院所等创新主体建设专业的技术转移转化服务机构，以产业需求引领关键共性技术、前沿技术的成果转移转化。绿色技术创新成果转移转化是一个复杂的工程，应坚持优化整合创新基地、创新项目孵化器等创新因素，着力构建由多重创新技术、创新主体等汇聚而成的创新体系，推动政产研学用协同合作。

第三，健全成果转移转化激励机制。激励机制是绿色技术创新转化的助推器。在绿色技术创新成果研发与转移转化的整个过程中，科

---

① 《习近平主持召开中央全面深化改革委员会第十九次会议强调　完善科技成果评价机制深化医疗服务价格改革　减轻义务教育阶段学生作业负担和校外培训负担》，《人民日报》2021年5月22日。

技团队、个人、机构等发挥着关键作用。因此，须对为绿色技术创新成果转移转化作出重要贡献的团队、个人或机构，根据具体贡献大小作出相应奖励，以充分调动其积极性。法律法规及配套政策的出台是保护绿色技术创新转化的强制手段。须尽快出台促进绿色科技成果转移转化的法律及配套政策，形成相关的法律法规及政策体系，以确保这类转移转化工作开展得更为顺畅。

三、强化绿色技术创新转移转化综合示范

为大力促进绿色技术创新成果转移转化，应依托绿色技术创新示范区、绿色技术工程创新中心和研究中心等，系统布局，探索管理制度创新、绿色技术创新协同发力的模式，总结并推广好的经验做法，使其切实起到模范带头作用，从而推动整个绿色技术创新行业的发展。

第一，加强重点城市、重点领域的绿色技术创新综合示范。在城市可持续发展前景及绿色技术创新基础好的城市，可建立绿色技术创新综合示范区，通过"科学＋技术＋工程"的组织实施模式，针对重点领域可持续发展的瓶颈问题，如城市污水治理、固体废弃物综合利用、煤炭高效利用、清洁能源替代等方面，集聚优势力量，积极探索绿色技术创新和政策管理创新协同发力的新路子，实现绿色技术创新、政策管理创新共同驱动绿色发展。此外，应建立健全考核评价机制，对于发展好的示范区大力推广，发展不好的示范区敢于调整，从而形成正向引导与反向倒逼示范区向好发展的机制。

到 2022 年，北京将打造四个绿色技术创新综合示范区

绿色技术创新综合示范区	功能
冬奥会可持续发展示范区	实施绿色场馆、绿色能源和绿色交通等节能低碳措施，全面推进场馆绿色建筑标准认证
城市副中心绿色城镇化示范区	推进绿色基础设施体系建设，加强园林绿化和水环境建设，大力发展清洁能源和可再生能源，提升城市资源、土地综合利用效率
北京大兴国际机场"中国标准"绿色低碳机场示范区	广泛采用各种先进技术，提升机场建设运营整体绿色化水平
"回天"绿色示范社区	围绕居民生活社区特点，在公共设施、智慧停车、家庭节能节水器具、垃圾分类等重点领域，加强绿色技术与产品的示范应用，促进公众参与

第二，推动产业集聚区向绿色技术创新集聚区转变。采用"园中园"的模式，在国家级经济技术开发区、高新技术开发区等建设绿色技术创新转移转化专业园区，开展绿色技术创新转移转化示范，大力推动有条件、有经验的产业集聚区转变为绿色技术创新集聚区。

此外，在城市建设过程中，应该全面贯彻新发展理念，注重绿色理念引领，鼓励利用绿色新技术发展城市建设，让良好的生态环境为人民的美好生活保驾护航。

优化绿色技术创新环境

绿色技术创新环境对于绿色技术创新的影响往往是潜移默化的，但发挥的作用是巨大的。优化绿色技术创新环境也是加快构建市场导向的绿色技术创新体系的重要着力点。具体来讲，应从强化绿色技术知识产权保护与服务、加强绿色技术创新金融支持、推进全社会绿色技术创新等方面入手，为绿色技术创新发展营造一种良好有序的环境氛围，从而促进绿色技术创新行业的快速发展。

一、强化绿色技术知识产权保护与服务

在绿色技术创新领域，知识产权对绿色技术创新具有巨大的支撑作用，也是优化绿色技术创新环境、助推绿色技术创新产业发展的关键，所以必须注重强化绿色技术知识产权的保护与服务。各省市根据自身特点，为强化绿色技术产权保护与服务采取了不同方案。例如，2020 年 4 月，江苏省开通了"绿色技术知识产权公共服务平台"，利用知识产权大数据推动绿色技术创新发展。7 月，重庆市印发《重庆市绿色技术知识产权保护专项行动方案》，提出加强绿色技术知识产权高质量创造，完善绿色技术知识产权保护工作体系等六项主要任务，以强化绿色技术知识产权保护与服务。2021 年 9 月 22 日，为统

筹推进我国知识强国建设，全面提升知识产权创造、运用、保护、管理、服务等水平，中共中央、国务院印发《知识产权强国建设纲要（2021—2035年）》，为绿色技术创新知识产权保护与服务作出了顶层设计。

《知识产权强国建设纲要（2021—2035年）》提出建设支撑国际一流营商环境的知识产权保护体系的措施

健全公正高效、管辖科学、权界清晰、系统完备的司法保护体制

健全便捷高效、严格公正、公开透明的行政保护体系

健全统一领导、衔接顺畅、快速高效的协同保护格局

第一，增强绿色技术知识产权保护意识。当前，全球绿色技术创新领域竞争激烈，为提高我国绿色技术创新的优势及竞争力，必须充分利用好知识产权保护这一核心武器。引导高校、科研院所、企业等创新主体主动提高绿色技术知识产权保护意识，制定知识产权保护战略，及早开始专利申请和谋划布局，主动维护自己的合法权利，捍卫自己的合法权益等。

第二，健全绿色技术知识产权保护制度。自2008年《国家知识产权战略纲要》实施后，我国先后推进了一系列相关法律法规的修改工作，成立了专门的知识产权法院、法庭等。我国对于知识产权的保护力度正在逐渐提升，制度也逐渐健全起来。当前，在绿色技术创新领域，为健全知识产权保护制度，应发挥知识产权管理部门与其他相关部门一起建立绿色技术知识产权保护联系、工作联动、公益服务等机制，通过多部门之间的协同配合积极开展打击侵犯绿色技术知识产权的行动，加大绿色技术知识产权保护力度。同时，建立绿色技术侵犯行为记录，并将其纳入全国公共信用共享平台，提升知识产权快速维权服务能力，在全社会起到警示教育作用。

第三，完善绿色技术知识产权服务。绿色技术知识产权服务是服务绿色技术创新的有力支撑。应建立绿色技术知识产权审查"快速通道"，实现绿色技术知识产权从审查、确权到维权全过程一体化。同时，要完善对绿色技术知识产权的统计监测等，提高相关知识产权服务的效率和质量，促进绿色技术创新行业发展。

二、加强绿色技术创新金融支持

当前，我国绿色金融体系呈现出快速发展趋势，我国已经成为全球第一个建立了比较完整的绿色金融政策体系的经济体。但整体来看，绿色金融在构建绿色技术创新体系中的作用还没有充分发挥出来，依然存在评估标准缺失、中小型企业融资难、激励机制不足等问题。因此，我们必须进一步加强绿色技术创新金融支持，构建一个支持绿色技术创新的金融服务体系。

第一，引导银行业金融机构积极开展金融创新。银行对于风险的容忍度低与科技投资的高风险之间的矛盾是银行参与支持绿色技术的重要阻碍。为了解决这一问题，一方面，应引导银行业金融机构合理确定绿色技术贷款的融资门槛，积极开展金融创新工作，以支持绿色技术创新企业及项目的融资；另一方面，银行业金融机构也可与专业化的股权投资机构合作，以规避或降低银行因缺乏专业人员而出现的投资风险。

第二，鼓励保险公司支持绿色技术创新和开发绿色产品应用的保险产品。在绿色技术产品应用过程中，许多绿色技术可能会面临较大的技术或市场风险。比如，环保技术设备可能出现故障，风电项目由于风力的不确定性、光伏项目由于日照强度的不确定性导致收益的不确定性等。为了减少这些潜在风险可能带来的经济损失，支持这些绿色技术项目落地，保险公司应进一步开发支持清洁能源、环保技术设备、绿色交通等的保险产品。

第三，鼓励地方政府提供各种类型的风险补偿。各地政府应依据绿色技术创新企业自身的特点，细化担保的政策措施、制度安排等。鼓励建立担保基金，委托专业担保机构为绿色技术创新企业提供担保投资服务，切实为绿色技术创新成果转移转化创造有利条件。比如，2008 年福建省出台《关于进一步促进中小企业信用担保行业发展的意见》，重点对为中小企业提供融资担保服务的担保机构进行风险补偿。

三、推进全社会绿色技术创新

绿色技术创新环境的营造与优化需要全社会的共同努力和鼎力支持。具体来讲，必须依靠开展绿色技术创新活动、推进绿色技术众创、营造全社会绿色技术创新文化氛围等各种形式，推进全社会形成有利于绿色技术创新行业发展的巨大合力。

第一，开展绿色技术创新活动。通过举办比赛、论坛、拍卖会、投资会、交易会等，激发企业、机构或个人开展绿色技术创新工作的热情和动力，也可以通过推动绿色技术创新创业者与融资机构的对接工作，促进更多资本流入创业者手中。为更好地激发大家参与绿色技术创新的积极性，国家应对在绿色技术创新领域攻克核心技术难题、创造巨大社会效益或生态效益等的相关企业、机构或个人给予相应奖励。

推进全社会绿色技术创新

开展绿色技术
创新活动

推进绿色技术
众创

营造绿色技术
创新文化氛围

第二，推进绿色技术众创。绿色技术众创空间是一种充分利用社会力量的低成本、全要素、开放式、便利化的绿色技术公共服务平台。在国家高新区、国家自主创新示范区等创新资源集中的地区，建立绿色技术众创空间，可以释放大众创业、万众创新的无穷力量。同时，鼓励企业、科研机构开展创新活动，引导高校科研人员创办绿色技术创新企业等，也是提升绿色技术创新意识、发挥绿色技术创新能量的重要方式。

第三，营造绿色技术创新文化氛围。充分利用全国节能宣传周、全国低碳日、全国"双创"周、世界环境日等平台，大力开展绿色技术创新宣传工作，积极引导各大媒体主动宣传、挖掘典型成功案例，推广成功经验，从而促进绿色技术创新信息及知识的传播，在全社会营造一种积极的绿色技术创新文化氛围。

加强绿色技术创新对外开放
与国际合作

2021 年 9 月 24 日，习近平主席向 2021 中关村论坛视频致贺，指出："中国高度重视科技创新，致力于推动全球科技创新协作，将以更加开放的态度加强国际科技交流。"《意见》提出，要提高对外开放绿色低碳发展水平，加快建立绿色贸易体系，推进绿色"一带一路"建设，加强国际交流与合作。应该坚持把国际先进绿色技术创新成果"引起来"与国内优秀绿色技术创新成果"走出去"相结合，积极主动开展国际合作、传播绿色创新理念、分享绿色创新成果，全面提升我国绿色技术创新对外开放新格局。

一、加大绿色技术创新对外开放

习近平总书记强调："科学技术是世界性的、时代性的，发展科学技术必须具有全球视野。"[1] 绿色技术创新是在完全开放环境下的创新。改革开放 40 多年来，中国大力引进先进技术，创新能力实现大幅跃升，经济实现跨越式发展。当前，中国已经由技术引进大国变成

---

[1]《习近平谈治国理政》第三卷，外文出版社 2020 年版，第 252 页。

了重要的技术输出国，对全球科技进步已经作出并将持续作出更大贡献。在绿色技术创新领域，对外开放也是提升创新能力、构建绿色技术创新发展新格局的重要手段，所以必须持续加大对外开放力度。

第一，增强开放能力。习近平总书记指出："要增强我们引领商品、资本、信息等全球流动的能力，推动形成对外开放新格局，增强参与全球经济、金融、贸易规则制订的实力和能力，在更高水平上开展国际经济和科技创新合作，在更广泛的利益共同体范围内参与全球治理，实现共同发展。"① 改革开放以来，我国科技领域，包括绿色技术创新领域，在对外开放中获益良多。当前，面对更为深入、更高水平的开放，我们必须注重绿色技术开放能力建设，即确保自身具备掌控开放的能力，这是当下对外开放极为重要的一步。

第二，提高开放主导权。习近平总书记指出："要坚持以全球视野谋划和推动科技创新，全方位加强国际科技创新合作，积极主动融入全球科技创新网络，提高国家科技计划对外开放水平，积极参与和主导国际大科学计划和工程，鼓励我国科学家发起和组织国际科技合作计划。"② 在加大绿色技术创新对外开放的过程中，我们必须正视自己在全球绿色技术创新格局中的地位，切实做到主动出击，贡献中国力量和中国智慧，提升中国在国际绿色技术创新领域的话语权，并发挥大国应有的重要引领作用。

第三，提高开放成效。习近平总书记指出："中国开放的大门不会关闭，只会越开越大。"③ 绿色技术创新领域也是如此。在绿色技术

---

① 《习近平谈治国理政》第二卷，外文出版社 2017 年版，第 272 页。
② 《习近平谈治国理政》第三卷，外文出版社 2020 年版，第 252 页。
③ 同上书，第 202 页。

创新开放大门越开越大的同时，要注重提高开放的成效。比如，针对过去在绿色技术创新领域缺乏战略布局、成效不明显等一系列问题，须注重提前进行好战略布局，开展与其他国家在相关领域的精准合作，切实提高开放成效，促进绿色技术创新行业发展。

二、深化绿色技术创新国际合作

2020 年 10 月 30 日，在第三届世界顶尖科学家论坛上，习近平主席指出："中国高度重视科技创新工作，坚持把创新作为引领发展的第一动力。中国将实施更加开放包容、互惠共享的国际科技合作战略，愿同全球顶尖科学家、国际科技组织一道，加强重大科学问题研究，加大共性科学技术破解，加深重点战略科学项目协作。"[①] 深化绿色技术创新国际合作是统筹国内国际两个大局的重要举措，加强中国与世界各国在绿色低碳循环发展领域的沟通合作，不仅能够切实提高我国绿色技术创新能力，而且能够运用中国力量和中国智慧为构建人类命运共同体作出重要贡献。

第一，深度参与全球环境治理，促进国际交流合作。习近平总书记多次强调："'一带一路'是互利共赢之路。"[②] 自"一带一路"倡议提出以来，经贸合作不断取得新进展新成效。尤其是在新冠肺炎疫情持续影响下，"一带一路"沿线国家守望相助、共克时艰，为全球抗疫作出了突出贡献。在促进绿色技术创新国际合作时，应注重以"一带

①《习近平向第三届世界顶尖科学家论坛（2020）作视频致辞》，《人民日报》2020 年 10 月 31 日。
②《习近平谈治国理政》第一卷，外文出版社 2018 年版，第 316 页。

一路"、二十国集团、金砖国家等合作机制为依托，加快建立绿色技术创新联盟等合作机构，加强绿色技术创新全球合作交流。

深化绿色技术创新国际合作

第二，举办论坛、博览会等，呈现创新成果、传播创新理念。论坛、博览会等是国际交流合作的基础平台。在论坛、博览会上，通过呈现世界各国的绿色技术创新优秀成果，互相交流经验，传播各自创新理念，并分析当前绿色技术创新领域存在的问题、展望今后发展的方向等，汇聚国际力量，推进绿色技术创新行业的迅速发展。

第三，开展"双十佳"评选和推广工作。节能技术、节能实践是推进生态文明建设、促进绿色发展的重要技术。为大力推广并应用节能技术，进行节能实践，2013 年，在国际能效合作伙伴关系组织的框架下，我国牵头成立了"最佳节能技术和最佳节能实践"（"双十佳"）工作组。2016 年，随着二十国集团杭州峰会上《G20 能效引领计划》的发布，"双十佳"成为二十国集团能效合作的重要领域。因此，可以通过开展国际十大最佳节能实践及十大最佳节能技术的评选和推广工作，加快国际优秀绿色技术创新成果的推广应用。

9 完善法律法规政策体系

　　实现"双碳"目标，既是我国积极应对气候变化、推动构建人类命运共同体的责任担当，也是贯彻新发展理念、推动经济绿色低碳转型和高质量可持续发展的必然要求。为保障这一目标圆满达成，就必须有相应的法律法规和配套政策。这些法律法规和政策的出台和执行，是保证"双碳"目标达成的必要条件，也是确保我们的承诺有法可依、有据可循的根本前提。《意见》强调，要健全法律法规，完善标准计量体系，提升统计监测能力。完善投资政策，积极发展绿色金融，完善财税价格政策，推进市场化机制建设。

第 一 节

▼

强化法律法规支撑

与欧洲从 1990 年实现碳达峰到 2050 年实现碳中和所需的 60 年时间相比，我国在 2030 年前实现碳达峰到 2060 年前实现碳中和，时间只有欧洲的一半，可谓任重而道远。面对这些挑战，我们不仅要在全社会提倡绿色低碳生产生活方式，更要尽快出台和完善碳排放法律法规和政策，强化其在实现"双碳"目标中的支撑作用。

一、提供长期稳定的法律法规和政策

截至 2021 年，国际上已有 127 个国家和地区对碳中和目标作出承诺，其中许多国家和地区将达标时间和措施进行了具体化，20 余个国家和地区已经针对气候变化、控制温室气体排放等问题完成了立法。2020 年，欧盟委员会通过《欧洲绿色协议》，提出其到 2050 年实现碳中和的减排目标，并在随后发布的《欧洲气候法》中，以立法的形式确保欧盟各成员国为实现这一目标采取必要的措施并承担相应义务。

当前，绿色发展、低碳发展已经在全社会形成共识。党的十九大以来，我国在降低碳排放方面的立法、修法等取得了长足的进步，但以实现碳达峰、碳中和为立法目的的专项法律尚未制定，同时有关法律的针对性和有效性还有待强化，更为严重的问题则在于缺少上位法的支撑。这就造成相关的法律法规无法支撑实现"双碳"目标，也无法满足当前我国开展减碳工作的现实迫切需求。

因此，要抓住当前碳达峰、碳中和战略的关键节点，为其提供长期稳定的法律法规和政策环境。一方面，要建立实现碳达峰、碳中和的法律制度体系。要建立绿色生产生活的法律制度和政策导向，以法律的强制力保障"双碳"目标的圆满达成；要强化低碳目标引领，明确政府、企业以及民众等的法律责任，构建完善的工作机制和管理体制，为政府管理部门考核碳减排目标责任及达成度提供法律依据。建立推动绿色产业发展、扩大绿色消费、实行环境信息公开、应对气候变化等方面法律法规制度。另一方面，要加快完善促进绿色低碳良性发展的经济政策，确立碳排放交易制度、碳税、低碳基金、碳资产与碳金融等重要经济政策和奖惩机制，推动绿色金融服务创新发展。

为指导和统筹做好碳达峰、碳中和工作，2021 年 5 月，中央层面成立了碳达峰、碳中和工作领导小组，办公室设在国家发展改革委。按照统一部署，加快建立"1+N"政策体系，立好碳达峰、碳中和工作的"四梁八柱"。2021 年 10 月 24 日发布《意见》，进行总体部署。该意见是中央层面印发的，作为"1"，管总管长远，在碳达峰、碳中和"1+N"政策体系中发挥统领作用；将与《2030 年前碳达峰行动方案》共同构成贯穿碳达峰、碳中和两个阶段的顶层设计。而"N"则包括能源、工业、交通运输、城乡建设等分领域分行业碳达峰实施方案，以及科技支撑、能源保障、碳汇能力、财政金融价格政策、标准计量体系、督察考核等保障方案。一系列文件将构建起目标明确、分工合理、措施有力、衔接有序的碳达峰、碳中和政策体系。①

二、强化执法监督和查处问责

法律的制定，是为"双碳"目标愿景提供法律基础和依据，而加强法律实施和监管，旨在建立应对气候变化的长效机制。尽管我国已对碳达峰、碳中和监管提出了相应要求，但由于监管职能相对分散、缺乏明确的法律依据，部门之间还存在职能交叉，监管过程还存在着力点匮乏、对相关监管主体的协同监管行为缺乏法律问责等问题。同时，执法人员的专业能力不够强、执法监测设施和手段不够多等，也导致了监管力度不足、措施不强、效果不佳等问题。在"双碳"目标的指引下，强化以防治大气污染物扩散和控制温室气体减排为核心的协同控制模式的必要性凸显，相应的立法、执法等领域的诸多具体问题亟待明确和统筹，特别是为确保"双碳"目标的实现，需要树立大局意识，充分调动各地各部门的积极性，形成合力，将执法监督作为重中之重，加大执法查处和行业问责力度。

---

① 参见《中央层面的系统谋划、总体部署——就〈中共中央国务院关于完整准确全面贯彻新发展理念做好碳达峰碳中和工作的意见〉访国家发展改革委负责人》，新华网2021年10月25日。

健全绿色收费价格机制

近年来，全国各地深入学习贯彻习近平总书记关于碳达峰、碳中和的重要论述，先后出台了推进资源环境价格改革的多项政策，涵盖污水处理、垃圾处理、节能环保等多个领域，为推动我国的生态环境保护和建设发挥了积极作用。但实现"双碳"目标时间紧迫，还需要进一步规范政策体系，创新建立既激励又约束的科学有效合理的价格机制。

一、完善污水处理收费机制

污水处理是推动实现"双碳"目标的重要环节，也是促进我国经济发展生态优先、绿色和谐的关键举措。要进一步完善污水处理成本分担机制、激励约束机制和收费标准动态调整机制，发挥价格在市场中的杠杆作用，健全相关配套政策，促进资源配置进一步优化，助推高质量发展，形成共抓大保护的良好局面。

第一，健全收费动态调整机制。按照补偿污水处理和运行成本的原则，合理制定污水处理费标准，并完善污水处理费标准动态调整机制。

第二，实行差别化排放收费。不断探索针对污水排放量的差异，开展差别化收费的机制。根据排放的主要污染物种类、浓度等各级指标，合理设置收费标准和档次，分类分档实施污水排放递增阶梯收费制度。

《国家发展改革委关于创新和完善促进绿色发展价格机制的意见》对完善污水处理收费政策提出的措施

| 建立城镇污水处理费动态调整机制 | 建立企业污水排放差别化收费机制 | 建立与污水处理标准相协调的收费机制 | 探索建立污水处理农户付费制度 | 健全城镇污水处理服务费市场化形成机制 |

第三，探索农户付费制度。习近平总书记多次作出重要指示，强调要因地制宜做好厕所下水道管网建设和农村污水处理，不断提高农民生活质量。[①] 要在农村地区大力推进污水集中处理，综合考虑集体经济状况、农户承受能力、污水处理成本等因素的基础上，探索建立农户付费制度，合理确定付费标准。[②]

二、建立健全生活垃圾处理收费制度

生活垃圾是指人们在日常生活中产生或为日常生活提供服务的活

---

① 参见《习近平：主动把握和积极适应经济发展新常态　推动改革开放和现代化建设迈上新台阶》，《人民日报》2014 年 12 月 15 日。

② 参见《国家发展改革委关于创新和完善促进绿色发展价格机制的意见》，国家发展改革委网站 2018 年 6 月 21 日。

动中产生的固体废物，以及法律、行政法规规定视为生活垃圾的废弃物。生活垃圾包括建筑垃圾、工程渣土，不包括工业固体废物、危险废物等。全面建立健全生活垃圾处理收费制度，就是要将城市生活垃圾处理收费逐步转为计量收费和差别化收费。①

根据生活垃圾"谁产生谁付费、多产生多付费"原则，建立健全生活垃圾处理收费机制。遵循生活垃圾计量收费、超量加价和差别化收费的根本导向，发挥价格杠杆作用，促进垃圾分类和垃圾源头减量。制定和调整城镇生活垃圾处理收费标准，鼓励各地创新垃圾处理收费模式，提高收缴率。②

第一，完善城镇生活垃圾分类和减量化激励机制。改革生活垃圾处理收费方式，实行分类垃圾与混合垃圾差别化收费政策，提高混合垃圾收费标准；对非居民用户垃圾处理收费实行垃圾计量收费，对具备条件的居民用户，实行计量收费和差别化收费，促进资源节约、环境保护，改善人民群众生活环境。③

第二，探索建立农村垃圾处理收费制度。结合农村地区特点，在综合考虑经济发展水平、农户承受能力、垃圾处理成本等因素的基础上，在已经开始实行垃圾处理制度的地区合理确定收费标准，促进乡村环境改善。

---

① 参见《关于实行城市生活垃圾处理收费制度促进垃圾处理产业化的通知》，住房和城乡建设部网站 2002 年 6 月 7 日。
② 参见《国家发展改革委关于创新和完善促进绿色发展价格机制的意见》，国家发展改革委网站 2018 年 6 月 21 日。
③ 参见《国家发展改革委关于创新和完善促进绿色发展价格机制的意见》，国家发展改革委网站 2018 年 6 月 21 日。

三、建立有利于节约用水的价格机制

深入推进农业水价综合改革。在建立精准补贴和节水奖励机制的同时，瞄准现有的运行维护成本，逐步提高农业水价，全面实行超定额用水累进加价。

《国家发展改革委、住房城乡建设部关于加快建立健全城镇非居民用水超定额累进加价制度的指导意见》对各地合理确定分档水量和加价标准作出规定

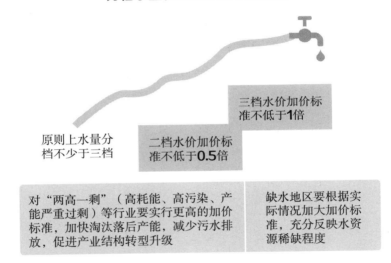

原则上水量分档不少于三档

二档水价加价标准不低于**0.5倍**

三档水价加价标准不低于**1倍**

对"两高一剩"（高耗能、高污染、产能严重过剩）等行业要实行更高的加价标准，加快淘汰落后产能，减少污水排放，促进产业结构转型升级

缺水地区要根据实际情况加大加价标准，充分反映水资源稀缺程度

第一，完善城镇供水价格形成机制。在合理评估供水成本、提升供水质量的基础上，建立城镇供水价格动态调整机制，全面推行非居民用水超定额累进加价制度。适时完善居民阶梯水价制度，科学制定用水定额并动态调整，合理确定分档水量和加价标准，充分反映水资源稀缺程度。①

①　参见《国家发展改革委关于创新和完善促进绿色发展价格机制的意见》，国家发展改革委网站 2018 年 6 月 21 日。

第二，积极推进再生水利用价格优惠。在道路清扫、消防、园林绿化等公共领域使用再生水，按照与自来水保持竞争优势的原则确定再生水价格。

四、健全促进节能环保的电价机制

充分发挥电力价格的杠杆作用，推动高耗能行业节能减排、淘汰落后产能，引导电力资源优化配置，促进产业结构、能源结构优化升级。

第一，完善差别化电价政策。及时评估差别电价、阶梯电价政策执行效果，根据实际需要扩大差别电价、阶梯电价执行行业范围，提高加价标准，促进相关行业加大技术改造力度、提高能效水平、加速淘汰落后产能。探索建立基于单位产值能耗、污染物排放的差别化电价政策，推动清洁化改造。

第二，完善峰谷电价形成机制。建立峰谷电价动态调整机制，进一步扩大销售侧峰谷电价执行范围，合理确定并动态调整峰谷时段，扩大高峰、低谷电价价差和浮动幅度，引导用户错峰用电。利用峰谷电价差、辅助服务补偿等市场化机制，促进储能发展。完善居民阶梯电价制度，推行居民峰谷电价。

第三，完善部分环保行业用电支持政策。2025 年底前，对实行两部制电价的污水处理企业用电、电动汽车集中式充换电设施用电、港口岸电运营商用电、海水淡化用电，免收需量（容量）电费。①

---

① 参见《国家发展改革委关于创新和完善促进绿色发展价格机制的意见》，国家发展改革委网站 2018 年 6 月 21 日。

第 三 节

加大财税扶持力度

　　财政是国家治理的基础和重要支柱，资金支持、税收制度、政府采购等，都是推进碳达峰、碳中和的重要政策工具。而实现"双碳"目标是一场"硬仗"，作为宏观政策的重要组成部分，财税政策要精准有效发挥突出作用。要充实完善一系列财税支持政策，积极构建有力促进绿色低碳发展的财税政策体系。

一、用好财政资金和预算内投资

　　"十三五"时期以来，财税政策在促进绿色低碳发展中扮演了重要角色。在资金支持方面，持续强化支出保障，2016 年至 2020 年全国财政共安排了生态环保资金 44212 亿元，年均增长 8.2%。其中，中央财政 19333 亿元，占比达到 43.7%。这些支出往往和企业运行、百姓生活息息相关，都直接让广大企业、百姓受益。

　　财政支持绿色低碳发展的方式主要有四个：一是财政直接向特定区域、行业或企业拨付资金；二是财政创新投融资制度，通过建立绿色发展基金、生态保护基金等，撬动社会资金加大对绿色发展和生态保护的支持力度；三是通过政府和社会资本合作（PPP），利用 PPP模式等吸引社会资金向生态保护、污染防治与绿色低碳领域投放；四是通过增减或调整现有相关税收政策发挥绿色环保调节作用，使污染导致的外部成本内部化，促进绿色发展。

"十三五"时期以来，财税政策在促进绿色低碳发展中扮演了重要角色

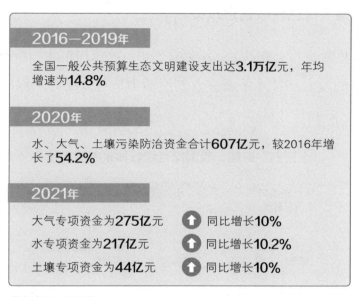

2016—2019年
全国一般公共预算生态文明建设支出达**3.1万亿**元，年均增速为**14.8%**

2020年
水、大气、土壤污染防治资金合计**607亿**元，较2016年增长了**54.2%**

2021年
大气专项资金为**275亿**元　↑ 同比增长**10%**
水专项资金为**217亿**元　↑ 同比增长**10.2%**
土壤专项资金为**44亿**元　↑ 同比增长**10%**

数据来源：财政部

财税政策在实现"双碳"目标的过程中，一方面，发挥引导作用，通过政府行为规范优化财政收支结构，形成政府带头作表率、社会跟进作贡献的良好氛围；另一方面，发挥支撑作用，通过税费结构调整、预算优先安排、奖补政策激励等方式，重点支持低碳技术研发、人才培养，通过保障资金需求实现人才、技术长期供给。

要充实完善一系列财税支持政策，积极构建有利于促进绿色低碳发展的财税政策体系，密切和其他宏观政策协同配合，引导和带动更多政策和社会资金支持绿色低碳发展，为确保如期实现"双碳"目标作出贡献。在财政支持过程中要强调法律、行政、市场等手段并用，把碳交易市场机制和行政监管机制有机结合起来，多措并举、协同发力，通过财政支持建立起多种机制和模式共同发力的支撑平台，推动碳达峰、碳中和进程。

二、落实绿色税收优惠政策

在减税降费的大背景下，探索有效可行的绿色税收制度设计，为低碳经济的发展和技术革新注入制度活力，可以助力"双碳"目标实现。

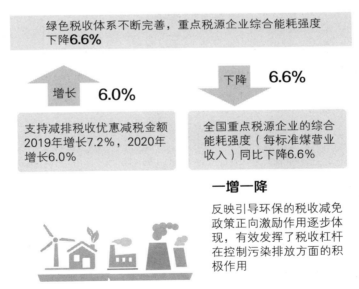

"十三五"时期，我国绿色税收体系不断完善

绿色税收体系不断完善，重点税源企业综合能耗强度下降**6.6%**

增长 **6.0%**

支持减排税收优惠减税金额2019年增长7.2%，2020年增长6.0%

下降 **6.6%**

全国重点税源企业的综合能耗强度（每标准煤营业收入）同比下降6.6%

一增一降

反映引导环保的税收减免政策正向激励作用逐步体现，有效发挥了税收杠杆在控制污染排放方面的积极作用

数据来源：财政部

近年来，我国出台了一系列鼓励节能环保的税收优惠政策，并通过完善资源税和消费税、开征环境保护税等政策，构建了一套绿色税收体系。2021年7月7日召开的国务院常务会议提出，要推动绿

色低碳发展，设立支持碳减排货币政策工具，以稳步有序、精准直达方式，支持清洁能源、节能环保、碳减排技术的发展，并撬动更多社会资金促进碳减排。除了金融政策，绿色税收将在实现"双碳"目标上发挥更大作用，要进一步完善绿色税收体系。绿色税收对我国实现"双碳"目标将起到极大的促进作用，助推后疫情时代的可持续发展治理体系建设，将为全球应对气候变化提供新的思路。

三、探索资源税征收和水资源费改税

2020 年 9 月 1 日，《中华人民共和国资源税法》开始施行，成为我国现行的第 10 部税收法律。这部法律的颁布，进一步加快了我国绿色税制建设的步伐。此次立法将资源税暂行条例上升为资源税法，对进一步落实税收法定原则，发挥税收促进合理科学、节约集约开发利用资源和推动绿色发展的作用，以及推进规范水资源费改税改革具有重要作用。据国家统计局数据显示，2020 年全国能源消费总量为 49.8 亿吨标准煤，其中 56.8% 为煤炭消费。加上目前煤炭价格保持较低水平，可以适度提高煤炭的资源税、环境税，以控制煤炭消费。

水资源费改税，是对取用地表水和地下水的单位和个人征收。在地下水超采地区取用地下水、特种行业取用地下水和超计划用水适用较高税率，正常的生产生活用水维持在原有的负担水平不变。通过实施水资源费改税，可以进一步强化全体公民的节水意识，进一步凸显税收的调节作用，对地下水的超采起到积极的抑制作用。

大力发展绿色金融

绿色金融是指为支持环境改善、应对气候变化和高效节约利用资源的经济活动，对环保、节能、清洁能源、绿色交通、绿色建筑等领域的项目投融资、项目运营、风险管理等所提供的金融服务。①

2021 年上半年，全国本外币绿色贷款余额已达 13.92 万亿元，占金融机构人民币贷款余额的 7.5%。发展绿色金融既是培育我国经济新增长点、增强经济发展韧性和可持续性、走向高质量现代化发展的内在要求，也是提高金融体系自身适应性、竞争力和普惠性，建设金融强国的必然选择。

一、发展绿色信贷和绿色直接融资

第一，发展绿色信贷。大力发展绿色信贷，为绿色产业和绿色企业提供融资支持是实现碳排放目标、践行绿色发展理念、促进经济转型升级的有效手段。发展绿色信贷的主要作用在于推动金融业长期可持续发展。主要的方法和形式有：为环境保护、生态建设和绿色产业融资，构建新的金融体系和完善金融工具。从保障"双碳"目标实现

---

① 参见《七部委发布〈关于构建绿色金融体系的指导意见〉》，新华网 2016 年 8 月 31 日。

的角度看，绿色信贷激励政策主要有以下几个方面的促进作用：一是以更规范的官方统计制度大力促进绿色信贷识别效率、提升投融资发展；二是绿色信贷占比上升，高污染、高能耗以及产能过剩行业贷款占比下降的信贷结构的调整激励绿色产业发展，同时，潜力巨大的绿色产业反哺金融机构，创造更多新的发展机遇；三是银行等金融机构在中国人民银行宏观审慎评估体系的激励下，逐步加强并完善环境风险管理及自身碳足迹管理；四是未来多部门将被覆盖纳入环境信息披露制度，从而提升透明度，促进碳中和。[①]

第二，推行绿色直接融资。除了提供传统绿色信贷支持外，银行还可通过发行和认购绿色债券、发行 ESG（环境、社会和治理）理财产品等渠道参与绿色金融直接融资。截至 2021 年第一季度末，银行间市场"碳中和债"已累计发行 656.2 亿元；国家开发银行发行首单三年期 200 亿元"碳中和"专题"债券通"绿色金融债券，多家银行参与其中，重点支持符合绿色债券目录标准且碳减排效果显著的绿色低碳项目。

"碳中和债"在中国银行间市场交易商协会的组织与指导下完成发行，是绿色金融助力实现碳中和目标的重要突破。根据中国人民大学重阳金融研究院发布的《"碳中和"中国城市进展报告 2021》，目前，我国仍有很多城市的核心产业聚集于传统的高碳工业企业以及煤电企业。这些企业向绿色转型，需要大量的专项资金支持。首批碳中和债的成功发行预计将推动信贷、租赁、信托等领域产生更多支持碳减排

---

① 参见林伯强：《绿色信贷激励政策是碳中和进程的重要一环》，《第一财经日报》2021 年 2 月 9 日。

项目的创新产品，充分发挥绿色金融工具对于低碳发展的支持作用，助力"双碳"目标的实现。

2021 年碳中和债发行情况

数据来源:《2021 年境内绿色债券年度报告》

除了承销、认购绿色金融债券外，银行在支持绿色金融直接融资方面扮演着重要角色。银行参与绿色金融直接融资的方式有三种：通过在债券市场发行绿色金融债券的方式募集资金，再将募集资金用于绿色企业或者绿色项目的贷款投放；银行资金可以认购其他主体发行的绿色债券，将资金投资于绿色领域；银行还可以向公众发行绿色主题理财产品。

二、统一绿色债券标准，建立绿色债券评级标准

2021 年 9 月 24 日，在中国人民银行、证监会等主管部门指导下，绿色债券标准委员会（简称"绿标委"）发布《绿色债券评估认证机构市场化评议操作细则（试行）》及配套文件，重点从三个方面规范评估

认证机构的行为，督促其专业、规范、独立地开展相关业务。一是多维度量化执业能力标准，体现评估认证机构的业务水准。设置不同分值和权重，对机构资质、专业人员配备、业务表现、研究能力、制度建设等情况进行量化打分，按照客观公正、定性定量相结合的原则，从主客观等不同维度实现对评估认证机构的全方位评议。二是多元化引入参与评议机构，体现"市场事、市场议、市场决"的原则。在评议过程中发挥来自绿色金融各行业领域市场专家的专业化优势，引入发行人、投资人、环境领域专家以及绿债相关自律组织及基础设施平台。三是多环节加强执业检查，督促评估认证业务专业、规范地开展。绿标委持续加强自律管理，维护绿色债券评估认证市场秩序。评估认证机构须每年开展自查工作，定期提交年度报告、自查文件等资料。

操作细则及配套文件是绿标委为贯彻落实党中央、国务院关于碳达峰、碳中和重大决策部署，完善绿色标准体系顶层设计和系统规划的具体举措，旨在规范绿色债券评估认证机构行为，培育一批独立、专业、有市场声誉的第三方机构，有利于提升国内绿色债券市场质量，推动行业自律和规范发展，打造中国绿色债券在国际市场的品牌和影响力。

三、发展绿色保险，发挥保险费率调节机制作用

《关于加快建立健全绿色低碳循环发展经济体系的指导意见》，就加快建立健全绿色低碳循环发展经济体系作出全面的工作部署，明确提出要"发展绿色保险，发挥保险费率调节机制作用"。在此背景下，保险机构积极应对，将防范气候变化相关风险和绿色转型推动低碳经济发展纳入经营战略，充分发挥绿色保险在经济社会绿色转型中的重

要作用，为"双碳"目标的实现贡献力量。

保险费率是保险机构按保险金额向投保企业或个人收取保险费的比例，是保费计算的依据。在市场机制作用下，绿色保险可依据被保企业碳排放量或其他有效的环境指标，制定差异化的保险费率，进一步降低低碳排放企业的参保成本，以引导相关企业低碳转型。通过绿色保险费率调节机制，实现风险价格和成本的更好平衡，推动绿色转型风险布局趋于合理，将鼓励低碳发展的社会氛围转化为对高碳排放企业的经营压力，从而加速经济社会绿色低碳转型。

2018—2020 年我国绿色保险保额及增速

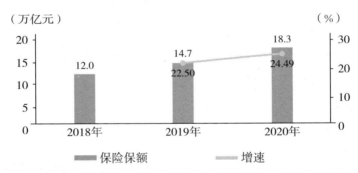

截至 2021 年末，保险资金通过债券、股票、资管产品等方式投向"碳达峰""碳中和"和绿色发展相关产业账面余额超过 1 万亿元。

数据来源：中国保险业协会

从保险机构发展绿色保险情况来看，成果十分显著。例如，2020年，中国人寿通过环境污染责任保险为 1830 家企业提供风险保障超过 30 亿元，为 1.3 万家绿色产业企业提供财产风险保障近万亿元。中国人保在浙江省湖州市首创的绿色建筑性能保险，通过"保险＋服务＋科技＋信贷"模式，发挥财政补贴、信贷优惠、保费杠杆等机制作用，为建筑企业提供事前信用增进、事中风控服务、事后损失补偿的全方位保障。①

2021 年是"十四五"开局之年，以碳达峰、碳中和为中心的绿色经济驶入快车道。可以预期，保险业将在支持改善环境质量上持续发力，在推动绿色金融服务绿色发展上创造新价值、发挥更大作用。

四、推动气候投融资工作

气候投融资是指为实现国家自主贡献目标和低碳发展目标，引导和促进更多资金投向应对气候变化领域的投资和融资活动。② 气候投融资作为绿色金融的重要组成部分，对于促进商业低碳转型、适应和减缓气候变化等都具有重大作用。气候投融资的支持范围包括减缓和适应气候变化，可以在调整产业结构、优化能源结构，开展碳捕集、利用与封存，增加碳汇等方面开展相关工作。我国目前的气候投融资工作主要从以下几个方面展开。

第一，建立国家自主贡献重点项目库。通过项目库的建立，一方面将我国在实现"双碳"目标中所作出的巨大努力和取得的伟大成就展示在国际社会面前；另一方面，为培育实现碳达峰、碳中和的各类创新技术创建了平台和融资渠道。

第二，开展气候投融资地方试点工作。2016 年和 2020 年国务院先后印发了《"十三五"控制温室气体排放工作方案》和《关于支持国家级新区深化改革创新加快推动高质量发展的指导意见》，两个文件都明确提出，要"推动开展气候投融资工作"。基于此，当前的气

---

① 参见降彩石：《绿色保险服务新发展格局》，《中国金融》2021 年第 2 期。
② 参见《关于促进应对气候变化投融资的指导意见》，生态环境部网站 2020 年 10 月 21 日。

候投融资试点正逐步展开，通过试点的充分融合和开放合作，探索出了低碳城市、绿色金融改革试验区等具有重要推广意义的气候投融资发展模式，也打造了良好的投资政策环境，积极利用国际资金为我国"双碳"目标服务，进而为这一战略目标的实现奠定了坚实基础。

第三，推动气候信息披露。气候信息披露是指企业通过一定的方式，将气候变化对其影响、自身采取的应对措施等信息披露出来。探索建立健全气候信息披露制度，为气候投融资发展过程中发现投资机会、规避投资风险提供重要的基础和保障。要基于我国经济社会发展实际，合理借鉴吸收国际投融资经验，在已有的成熟做法基础上，完善符合国情的气候信息披露标准，从组织管理、政策、制度与流程、目标与指标等方面开展核算和披露。

第四，扩大气候投融资国际合作，推动"一带一路"建设。探索气候投融资国际合作，开展"一带一路"等双边和多边合作。要积极采取有效办法引进资金，同时要借鉴国际理念、学习国际技术，促进企业业务的开拓，推动中国标准在境外投资建设中的应用。

如今，气候投融资已日益成为绿色金融的重要领域。此过程中，政策措施、体制机制、产品工具等各方面都需要创新性的实践，以形成有效推动碳中和目标实现的推动力量。随着经济社会能源产业的低碳绿色转型，金融资产可能有相当一部分向绿色领域倾斜，因此金融机构的绿色金融或者气候投融资发展也会加快。但在迎来机遇的同时，绿色金融仍然面临着挑战。2020 年 10 月，生态环境部等五部委《关于促进应对气候变化投融资的指导意见》发布，成为气候投融资领域的首份政策文件。业内人士认为，该文件的出台对于指导和推动气候投融资工作、助力实现碳中和愿景具有里程碑的意义。

完善绿色标准、绿色认证体系和
统计监测制度

要实现"双碳"目标，必须制定、修订相关绿色标准，培育一批专业绿色认证机构，及时提供相关数据，强化统计信息共享，加强部门间数据联通，做好统计监测制度修订事项。

一、形成全面系统的绿色金融标准体系

绿色金融标准体系作为"双碳"目标中不可或缺的一环，为绿色金融产品和服务创新提供重要的技术指引，为实施激励约束政策提供重要的标准依据，还为规范绿色金融市场运行提供重要的保障。随着我国实现"双碳"目标相关工作的不断深入推进，建立一套统一、全面、系统的绿色金融标准就显得尤为重要和越发迫切。2017 年中央经济工作会议也提出了必须加快形成推动高质量发展的指标体系和标准体系。[①] 经过几年的实践探索，我国在绿色金融标准体系建设方面已经取得了一定进步，但客观地说，我们仍处于起步阶段，标准体系

---

① 参见《中央经济工作会议：推动高质量发展是当前和今后一个时期发展的根本要求》，中国政府网 2017 年 12 月 21 日。

不统一、不全面、不系统等问题还比较突出。

绿色金融标准体系应着力从以下几个方面进行建设。

第一，建立健全国家层面的绿色金融标准化工作机制。由全国金融标准化技术委员会绿色金融标准工作组牵头，相关部门共同参与，加强绿色金融标准体系的顶层设计和系统规划，合力加快绿色金融标准体系建设。2021 年 8 月，中国人民银行发布了包括《金融机构环境信息披露指南》《环境权益融资工具》在内的我国首批绿色金融标准，拉开了中国绿色金融标准编制的序幕。

我国首批绿色金融标准

文件名	文件性质	文件内容	发布目的
《金融机构环境信息披露指南》	属于监管与风险防控标准	对金融机构环境信息披露形式、频次、应披露的定性及定量信息等方面提出要求，并根据各金融机构实际运营特点，对商业银行、资产管理、保险、信托等金融子行业定量信息测算及依据提出指导意见	旨在提高金融机构对环境信息披露工作重要性的认识，引导金融资源绿色化配置，助力经济社会低碳转型，同时，指导金融机构识别、量化、管理环境相关金融风险，促进金融系统的稳健运行
《环境权益融资工具》	明确了环境权益融资工具的分类	从实施主体、融资标的、价值评估、风险控制等方面规定了环境权益融资工具的总体要求，提出了三种目前典型的环境权益融资工具的实施流程，为企业和金融机构开展环境权益融资活动提供指引	填补了绿色金融领域行业标准的空白，有利于拓宽企业绿色低碳融资渠道，引导金融资源向绿色低碳发展领域倾斜；有利于完善全国统一的碳排放权等环境权益市场，推动环境权益市场为排碳等行为合理定价，助力落实国家碳达峰、碳中和目标任务

第二，完善标准体系建设。要按照统一管理、分工负责的原则，

围绕通用基础标准、产品服务标准、信用评估标准、信息披露标准、统计和共享标准以及风险管理和保障标准等方面，加快推进绿色证券、保险、环境权益等各类绿色金融产品标准的制定；对现有绿色债券和信贷标准进行整合，出台权威统一的界定标准；完善包括认证、评级、标识、信息披露在内的绿色金融标准体系框架，培育并规范绿色认证评级机构。

第三，推动国际合作与互认。推进国际间的绿色金融标准交流合作，主动参与制定国际标准和评定规则，通过国际间的对话与合作，提升我国绿色金融市场在全球的参与广度与深度，不断增强我国的影响力与话语权。

第四，加强信息共享平台建设。统一发布绿色产业、企业、项目的标准清单和认证目录等，便于各类金融服务与之实施有效精准对接；引导相关市场主体规范开展绿色信息披露。①

二、加快绿色产品认证制度建设

2016 年 12 月，国务院印发了《关于建立统一的绿色产品标准、认证、标识体系的意见》，明确了绿色产品认证是由多部门推行的产品认证制度，是国家对企业所提供产品通过绿色健康认证的权威证明。地方政府采购将优先购买绿色产品，并鼓励流通企业采购和销售绿色产品。绿色产品认证的评价范围覆盖产品从原料、生产制造、物流运输到使用、回收等全生命周期的各环节，以环保、健康、降低资

---

① 参见殷兴山：《加快建立全国统一的绿色金融标准体系》，《中国金融》2018 年第 6 期。

源消耗、减少污染物产生和排放为认证标准。

为了实现"双碳"目标，需要进一步加快绿色产品认证制度的建设，总的来说要遵循以下原则。[①]

加快绿色产品认证制度需要遵循的原则

"统一实施"的原则　　"继承并行"的原则　　"循序渐进"的原则　　"合作开放"的原则

第一，"统一实施"的原则。一是统一目录。发布统一产品目录，包括所适用的标识与认证模式及依据等，使参与"绿色"体系的不同实施机构能够在一定程度上按照相同的目标、原则、要求对产品开展评价活动，提升评价结果的一致性和有效性。二是统一标准。搭建统一的绿色产品标识与认证技术支撑和信息平台，负责体系建设的技术协调和信息发布；负责体系运行情况市场监测；负责财税等采信政策对接中"中国绿色产品"标识与认证结果的输出。三是统一评价。对绿色产品标识与认证评价程序及结果进行统一的管理，指导实施机构在评价过程中使用统一的合格评定程序并符合相关指导文件的要求；将已有标识与认证制度统一纳入绿色产品标识与认证体系的程序和基本要求，建立相应评估机制；对在绿色产品标识与认证体系下开展评价工作的实施机构，建立相关标准，明确其应具备的技术能力。四是

---

① 参见《"中国绿色产品"标识与认证体系建设初步方案的思考》，国家认证认可监督管委网站 2016 年 1 月 1 日。

统一标识。发布统一的绿色产品标识，并将该标识应用于绿色产品标识与认证制度中。统一的标识应能够涵盖现有环保、节能、节水、循环、低碳、再生、有机等多个项目的信息。

第二，"继承并行"的原则。一是针对现有标识与认证制度，通过建立相关评价机制，评估环保、节能、节水、循环、低碳、再生、有机等已有标识与认证制度与绿色产品间的关联性、合理性、有效性，科学采信标识与认证结果，部分满足的部分采信，全部满足的全部采信。二是以"政府整合为引导、市场采信为动力"为原则，发挥市场配置资源的作用，淘汰现有评价制度中不适宜的制度，逐步实现统一使用"中国绿色标识"的目标。

第三，"循序渐进"的原则。一是采用试点先行和整体协调推进相结合的方式，优先考虑具备产业基础、标准成熟、已有国家层面上推行的认证认可体系的产品，按照目录与评价项目相结合的方式，先易后难、分步推进，成熟一项推出一项。二是在绿色产品指标体系的设计中，充分考虑不同产品对于绿色产品标识与认证所需把握的核心要素不同，按产品全生命周期的理念，分段实施。

第四，"合作开放"的原则。一是为推动"中国绿色产品"标识与认证结果在各项政策中得到积极的采信使用，需积极响应行业主管部门、各级地方政府的管理诉求，充分发挥地方执法部门对结果有效性的监管职能。二是充分调动和发挥第三方认证机构和企业的主观能动性，采用第三方认证和企业自我声明相结合的方式，建立多元化的合格评定管理机制，基于统一的技术信息发布平台，使满足绿色产品标识与认证的规则与技术要求的实施方式更为灵活。三是整合工作除了面向国家层面推动的各认证制度外，对于认证机构自行开展的认证项目也将本着开放的态度，相关认证项目只要属于绿色产品标识与认证体系范畴、满足绿色产品合格评定评价机制要求，均可被纳入该体系管理。四是加强国际合作，在绿色产品标识与认证建设的各个环节进行广泛合作，促进国际互认，扩大中国绿色产品的影响力，提高知名度。

三、加强绿色统计监测

要深入贯彻落实习近平生态文明思想，着力提高生态文明建设统计监测能力和水平，客观真实反映中国绿色发展进程和成就，为加强生态文明建设提供有力统计保障。

（一）碳监测

为应对气候变化，包括我国在内的多国政府制定了温室气体减排政策和目标。为评估政策的有效性，国际上构建了温室气体排放量的核算体系，而碳监测是辅助核算体系的重要支撑。碳监测是指通过综合观测、数值模拟、统计分析等手段，获取温室气体排放强度、环境中浓度和碳汇状况信息，以服务于应对气候变化研究和管理工作的过程。主要监测对象包括二氧化碳、甲烷、一氧化二氮、氯氟烃、全氟化碳、六氟化硫和三氟化氮。如今，碳监测正在加紧推进。中国环境监测总站于 2021 年 2 月成立了碳监测工作组，在全国牵头率先开展系统的碳监测调研、方案设计和试点工作。生态环境部在碳监测方面已具备一定的工作基础，工作组于 2021 年 7 月从排放源监测、环境浓度监测、生态系统碳汇监测及技术方法和质量控制等四个方面着手开展工作。

（二）环境浓度检测

我国自 2008 年起陆续建成 16 个国家背景监测站，其中 11 个站点能实时监测二氧化碳和甲烷，部分背景站还开展了一氧化二氮监测。在具备条件的福建省武夷山、四川省海螺沟、青海省门源、山东省长岛、内蒙古自治区呼伦贝尔等五个站点完成了温室气体监测系统升级改造，改造后二氧化碳、甲烷监测精度达到世界气象组织全球大气监测计划（WMO/GAW）针对全球本底观测提出的要求。此外，我国于 2011—2015 年在 31 个省会城市开展了城市尺度温室气体试点监测。

"十三五"时期国家环境空气质量监测范围及监测项目

	监测范围	监测项目
城市空气	338 个地级以上城市 1436 个监测站	SO_2、NO_2、PM_{10}、CO、O_3、$PM_{2.5}$、气象五参数、能见度等
区域（农村）空气	96 个区域站	SO_2、NO_2、PM_{10}、气象五参数、CO、O_3、$PM_{2.5}$、酸沉降、能见度等
背景空气	15 个背景站	SO_2、NO_2、PM_{10}、CO、O_3、$PM_{2.5}$、PM_1、能见度、气象五参数、酸沉降、温室气体、黑碳、颗粒物成分、粒子数浓度、$VOCs$ 等
酸沉降	440 个监测点	降雨量、PH、EC、SD_4^{2-}、NO_3^-、F^-、CL^-、NH_4^+、Ca^{2+}、Mg^{2+}、Na^+、K^+ 九项离子
沙尘天气	北方 14 个省、自治区和直辖市，82 个监测点位	必测项目：TSP 和 PM_{10} 选测项目：能见度、风速、风向和大气压
温室气体	直辖市和省会城市 31 个温室气体监测站	CO_2、CH_4、N_2O 等

（三）生态系统碳汇监测

依靠现有生态监测业务体系，一是开展了土地生态类型及变化监测业务，基于卫星遥感辅助地面校验技术手段，每年完成我国陆域范围内土地利用现状及动态监测。二是探索开展生态地面监测，在典型生态系统布设监测样地，开展生物量、植物群落物种组成、结构与功能监测。

（四）排放源监测

政府层面，发布了二氧化碳、甲烷、烟气流量等指标的国家标准监测方法，持续推动现场监测和自动监测技术研发和标准化，统一监测评价；企业层面，电力生产、石油天然气开采等重点行业骨干企业依托废气自动监测、挥发性有机物泄漏检测等相关工作基础，开展了温室气体排放监测前期研究工作并积累了一定经验。[①]

---

① 参见胡秀芳:《碳监测如何着手？技术难点在哪？》,《中国环境报》2021 年 7 月 30 日。

第 六 节

培育绿色交易市场机制

早在《中共中央关于制定国民经济和社会发展第十三个五年规划的建议》中，党中央就提出建立健全用能权、用水权、排污权、碳排放权初始分配制度。这对推进我国生态文明建设方面的改革具有重要的意义，是用市场化手段促进节能减排减碳的重要举措。

一、完善排污权交易制度体系

排污权是指排污单位在不超过核定排放量的前提下，排放污染物的权利。要建立排污权有偿使用和交易制度，更好地控制污染物总量排放，树立环境资源有价的理念。

2014 年 8 月，国务院出台《关于进一步推进排污权有偿使用和交易试点工作的指导意见》，对进一步推进排污试点工作，促进污染物减排作出了指导。

排污权有偿使用和交易试点地区包括江苏、浙江、湖南、湖北、河南、河北、山西、陕西、内蒙古、天津、重庆 11 个省区市。在这些试点地区，排污权就像商品一样，可以交易。2014 年上半年，浙江省 68 个县（市、区）进行试点，完成排污权交易 3863 笔，交易额达 7.73 亿元，排污权租赁 388 笔，交易额 699.28 万元，326 家排污单位通过排污权抵押获得银行贷款 66.55 亿元。[①]

排污权实施机制

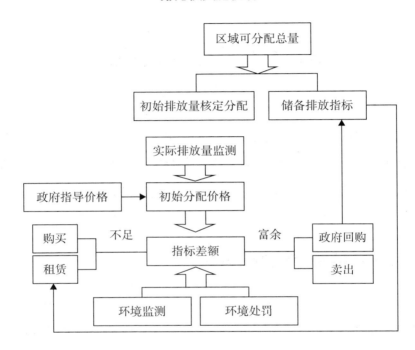

二、完善用能权有偿使用和交易试点配套制度体系

简单来说，用能权是指用能单位一年内按规定可以消费一定总量的能源的权益。用能权交易是在区域用能总量控制的前提下，企业对依法取得的用能总量指标进行交易的行为。[②] 用能权交易的推广有利

---

① 参见晏利扬、赵晓:《市场能起多大作用? ——浙江 5 年排污权有偿使用和交易累计总金额达 25 亿元》,《中国环境报》2014 年 10 月 15 日。

② 参见栾群、刘明明:《用能权交易:绿色发展新亮点》,《学习时报》2016 年 6 月 20 日。

于节约能源，可以在一定程度上缓解能源供给紧张问题。建立用能权有偿使用和交易制度，是推进生态文明建设和绿色发展的重大举措，有利于发挥市场在资源配置中的决定性作用。充分运用市场化手段，倒逼企业转型升级，可以促进能源消费结构优化，提高能源利用效率，促进企业完成能耗总量和强度"双控"指标。

为促进用能企业节能，中国早已开始探索用能权交易模式。2016年9月，国家发展改革委发布《用能权有偿使用和交易制度试点方案》，选择在浙江省、福建省、河南省、四川省开展用能权有偿使用和交易试点。[①]2017年开始试点，到2019年，试点任务取得阶段性成果。2020年开展试点效果评估，视情况逐步推广。2021年9月16日，国家发展改革委印发的《完善能源消费强度和总量双控制度方案》提出，推行用能指标市场化交易，进一步完善用能权有偿使用和交易制度，加快建设全国用能权交易市场，推动能源要素向优质项目、企业、产业及经济发展条件好的地区流动和集聚。全国用能权交易市场能够引导用能要素合理流动，促进产业结构优化，推进节能降碳，是实现"双碳"及能耗"双控"目标的有力抓手。

三、健全用水权交易机制，推动水资源使用权有序流动

用水权也称水资源使用权，指单位和个人对国家所有的水资源依法进行使用以及获得收益的权利。水资源属于国家所有，国家保护依法开发利用水资源的单位和个人的合法利益。水权交易的客体主要指

---

① 参见国家发展改革委：《用能权有偿使用和交易制度试点方案》，中国政府网2016年9月21日。

水资源的使用权和收益权。水权交易可发挥市场在水资源配置中的导向作用，以经济手段建立节水机制，不断提高水资源利用效率和效益，概括来说就是"谁用水谁花钱，谁节水谁得钱"。

水资源如何交易

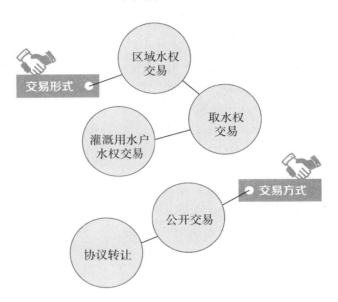

截至 2020 年 6 月，我国水权交易平台是三层自上而下的层级结构，在国家层面、省级层面、省级以下级层面均成立了水权交易平台。在交易品种上，与传统的交易市场发展相类似，除了作为交易市场的中介业务外，还逐步拓展了收储转让、投资建设及相关配套服务等业务。在水权交易中实现了多方的共赢。政府提高了资源配置效率，水资源的使用方得到了合理价格的水资源，水资源的提供方得到了较高的盈利。同时，水权交易平台集中了水资源供需价格、数量、时间等交易信息，在为开展水权交易提供便利的同时，为研究水资源的有效利用提供了坚实的数据基础，为进一步利用大数据分析手段破解我国水资源匮乏的难题做好了基础准备，也为其他基础性资源的市场化进程提供了可参考的样板。

四、落实碳排放权交易机制，逐步推动全国碳排放权交易进程

碳是指以二氧化碳为代表的温室气体。碳排放权交易，是政府在对温室气体排放实行总量控制的前提下，将一定数量的碳排放配额分配给履约单位，允许碳排放配额在碳市场上进行交易，以最低成本实现温室气体减排目标。[①] 政府对相关单位下年度的排放配额进行分配时，主要参考经过核算的历史碳排放数据或行业标杆数据，如果排放量高出配额，必须从市场上购买配额使用；如果碳排放量低于配额，则可出售剩余配额。

碳排放权交易机制是在设定强制性的碳排放总量控制目标并允许进行碳排放配额交易的前提下，通过市场机制优化配置碳排放空间资源，为排放实体碳减排提供经济激励，是基于市场机制的温室气体减排措施。与行政指令、经济补贴等减排手段相比，碳排放权交易机制是低成本、可持续的碳减排政策工具。[②] 建立碳排放权等交易制度是实现"双碳"目标的重要举措。

2011 年 10 月，国家发展改革委印发《关于开展碳排放权交易试点工作的通知》，批准北京、上海等七省市开展碳交易试点。2013 年 6 月 18 日，全国首个碳排放权交易市场在深圳正式启动，开我国碳

---

① 参见栾群、刘明明：《用能权交易：绿色发展新亮点》，《学习时报》2016 年 6 月 20 日。

② 参见国家发展改革委：《全国碳排放权交易市场的作用和意义》，中国碳排放交易网 2017 年 12 月 20 日。

排放权交易之先河。截至 2021 年 3 月，全国碳排放交易权试点地区核证自愿减排量（CCER）累计成交 2.8 亿吨。其中，上海 CCER 累计成交量持续领跑，超过 1.1 亿吨，占比 41%；广东排名第二，占比 21%；其他几个地区占比相对较小。碳交易市场的活跃还带动了节能环保产业的发展，培育了一大批包括绿色金融机构、核算机构在内的中介机构。

2020 年，中央经济工作会议提出加快建设全国用能权、碳排放权交易市场。2021 年 7 月，全国统一的碳排放权交易市场正式启动，覆盖的排放量超过 40 亿吨。我国将成为全球最大的碳市场。

⓾ 环保减污降碳
协同发展

2021年4月30日，习近平总书记在主持十九届中共中央政治局第二十九次集体学习时强调，"十四五"时期，我国生态文明建设进入了以降碳为重点战略方向、推动减污降碳协同增效、促进经济社会发展全面绿色转型、实现生态环境质量改善由量变到质变的关键时期。落实2030年应对气候变化国家自主贡献目标，锚定努力争取2060年前实现碳中和，需要在提升生态系统碳汇能力的同时统筹推进减污降碳，在生活垃圾处理、工业固废处理、废旧家电回收利用等领域采取更加有力的政策和措施，推动经济效益、社会效益、生态效益稳步提升。

第 一 节

▼

生活垃圾处理领域

生活垃圾处理事关人民群众的切身利益，是实现治污减排、城乡绿色发展，保护生态环境的重要任务。虽然近年来我国生活垃圾收运网络日趋完善，垃圾处理能力大幅提升，城乡环境总体上有了较大改善，但进入新时代，"双碳"目标对我国生活垃圾的处理提出了更高的要求，需要构建更为完善的垃圾处理体系。

一、构建完备的生活垃圾处理法律法规体系

当前，我国基本上形成了以《中华人民共和国环境保护法》为基础，《中华人民共和国固体废物污染环境防治法》《城市市容和环境卫生管理条例》为主体，《"十四五"城镇生活垃圾分类和处理设施发展规划》《城市生活垃圾管理办法》《关于开展第一批农村生活垃圾分类和资源化利用示范工作的通知》《生活垃圾分类制度实施方案》等为辅助的垃圾处理法律法规体系。

党的十八大以来，在全国范围内掀起了保护环境和生活垃圾处理的新高潮。2014年十二届全国人大常委会八次会议表决通过了新修订的《中华人民共和国环境保护法》，规定地方各级人民政府和公民应当对生活废弃物分类处置；2015—2019年修订的《城市生活垃圾

生活垃圾处理法律法规体系

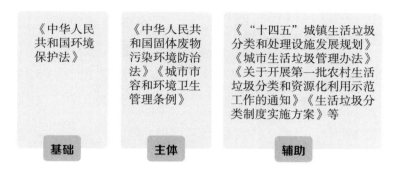

管理办法》《城市市容和环境卫生管理条例》，印发的《关于进一步加强城市规划建设管理工作的若干意见》《城市生活垃圾分类工作考核暂行办法》《"无废城市"建设试点工作方案》等明确规定，城市生活废弃物通过分类投放收集、综合循环利用；垃圾收运处理企业化、市场化，促进垃圾清运体系与再生资源回收体系对接等。为解决农村生活垃圾处理这一难题，住建部办公厅于 2017 年颁布了《关于开展第一批农村生活垃圾分类和资源化利用示范工作的通知》，强调开展示范的县（市、区）要在 2017 年确定符合农村本地实际的生活垃圾分类方法，并在半数以上乡镇进行全镇试点，两年内实现农村生活垃圾分类覆盖所有乡镇和 80% 以上的行政村，并在经费筹集、日常管理、宣传教育等方面建立长效机制。浙江省发布了我国第一个以农村生活垃圾分类处理为主要内容的省级地方标准——《农村生活垃圾分类管理规范》。2020 年 4 月修订后的《中华人民共和国固体废物污染环境防治法》在法律层面对生活垃圾的分类制度进行了详细规定，而且明确了农村生活垃圾的处置办法，建立了覆盖城乡的生活垃圾分类制度。加上各省市制定的法规制度，至此，相对完善的生活垃圾处理法律法规体系在我国已经建成。

二、开展生活垃圾治理的宣传和教育

我国一直以来都非常重视对环境的保护。每年的 6 月 5 日是世界环境日，"保护环境，人人有责"的观念早已深入人心。生活垃圾治理关系人居环境的改善、城乡的综合发展，是满足人们日益增长的美好生活需要的重要一环。政府在推进环境保护、加大生活垃圾治理、构建循环型社会等方面进行了大力宣传和普及教育。

2020 年 4 月，在《北京市生活垃圾管理条例》实施前，北京市各区县街道就采用线上线下多种渠道方式，广泛开展垃圾分类宣讲活动。通过主题展板展示，向居民分发宣传材料，海淀区万寿路街道的 27 个社区同步开展了垃圾分类宣传活动；东城区东花市街道，"绿猫"回收车直接开进小区，在上门收取纸箱、玻璃瓶、易拉罐等可回收物的同时，为居民进行了一轮垃圾分类宣讲；海淀区城管委联合海淀区教委推出了针对中小学生的垃圾分类网课，推动垃圾分类"小手拉大手"；延庆区定期推出微信小课堂，面向全区 2000 名垃圾分类指导员开展线上培训，普及垃圾分类知识。[①] 不但城镇开展了关于垃圾治理的宣传教育活动，乡村也毫不放松，通过宣传垃圾治理要求、卫生文明习惯、村民参与义务等，激发广大村民清洁家园的积极性和主动性。重庆市渝北区为让生活垃圾分类从村民的"指尖"到"心间"，加大宣传力度。通过"三字经"、快板剧、顺口溜等接地气的宣传形式和"小手拉大手"、"蓝火钳"行动等宣传内容，入村宣传、入户宣传，加上

① 参见王天淇：《北京市线上线下宣传垃圾分类》，《北京日报》2020 年 4 月 26 日。

北京市生活垃圾分类实施这一年（2020年5月至2021年1月）

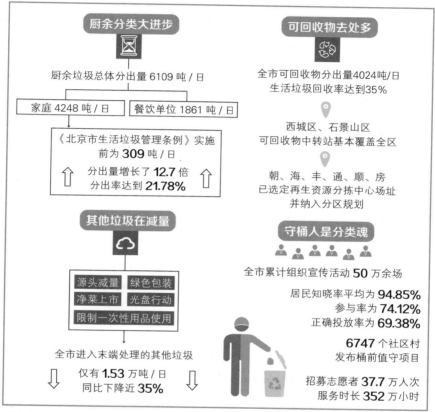

数据来源：新华网

结合市、区媒体的正面引导，使广大村民对生活垃圾治理工作知晓率达到了100%。[①] 从城镇到乡村，通过开展垃圾治理的宣传和教育，全民树立了"垃圾处理，人人有责"的环保理念，形成了绿色健康的生活方式，营造了良好的生活垃圾处理与环境保护的舆论氛围。

---

① 参见《渝北：让农村生活垃圾分类从"指尖"到"心间"》，《澎湃新闻》2021年2月19日。

三、"多元协作"治理生活垃圾

生活垃圾处理涉及千家万户，既是民生小事又是社会治理大事。随着国民经济的持续增长和城乡的快速发展，生活垃圾的产生量在我国持续增长。推行生活垃圾分类，提高综合利用和无害化处置是解决这一问题的有效措施，是改善我国生态环境的得力之举。

（一）结合各地特点实施生活垃圾分类

垃圾分类是对垃圾回收处置传统方式的改革，是目前最有效的科学管理方式之一。我国生活垃圾大多采用填埋、焚烧方式处理，通过垃圾分类能够提高土地利用率、减少废弃物污染、保护生态环境。推行生活垃圾分类，是民之所望，政之所向。2019年6月初，在世界环境日到来之际，习近平总书记对垃圾分类工作作出重要指示，"实行垃圾分类，关系广大人民群众生活环境，关系节约使用资源，也是社会文明水平的一个重要体现"。

当前，我国各地根据本地生活垃圾特点、处理方式和管理水平采取不同的工作方法，积极推动垃圾的分类收集、分类运输和分类处理，取得明显效果。截至2021年5月，北京市垃圾分类知晓率达到98%，参与率达到90%，准确投放率达到85%。[1] 朝阳区六里屯街道甜水西园社区实施"三集中"垃圾分类法，即居民生活垃圾集中时间投放、集中地点精拣、集中收集清运，把原有的34组垃圾桶精简为5处投放点位。实施"三集中"分类后，该社区每月产生厨余垃圾的数量由6吨增加到13吨，居民厨余垃圾分出率由6%提升到12%，效果十分

---

[1] 参见吴为：《北京垃圾分类知晓率达98%　多社区创新解决垃圾分类难题》，《新京报》2021年7月28日。

显著。平谷区滨河街道滨河小区，在垃圾分类投放点设有智能垃圾回收箱，居民把生活垃圾分类打包好，贴上二维码再投放到回收箱。通过二维码累积的分类积分会进入居民账户，这些积分可以用来换取米面粮油等生活用品。如今，垃圾分类在滨河小区家喻户晓，居民已经把垃圾分类当成了生活习惯。① 截至 2021 年 7 月，北京市家庭厨余垃圾日均分出量为 4296 吨，增长了 12.9 倍；可回收物日均分出量 5097 吨，增长了 69.9%；其他垃圾日均产生量 1.6 万吨，减少了 25.7%，减量效果相当于少建了两座日处理能力 3000 吨的垃圾焚烧厂，垃圾分类工作取得了明显的社会效果。②

（二）建立高效的生活垃圾收运体系

建立与生活垃圾分类、资源化利用、无害化处理等相衔接的垃圾收运体系，能够加大生活垃圾的收集力度，提高收集率和收运效率，扩大收集覆盖面。要充分利用互联网技术，运用物联网技术，探索路线优化、成本合理、高效环保的收转运新模式。通过以城带乡的多种渠道加大对乡镇、农村生活垃圾的收运力度。

广东省十分重视垃圾收运工程的建设。拆旧重建的广州市增城区派潭镇生活垃圾转运站，新增了垃圾分拣房、垃圾转运压缩间、有机垃圾处理间、再生资源处理间、污水处理池等功能区，经过分类收集和处理，大幅提高了生活垃圾处理收集率和收益效率，日处理能力达到了 110 吨。佛山市按照"统一规划、统一配置、统一处理、统一调度"的模式高标准建成生活垃圾转运工程及集中控制系统项目，运营

① 参见黄哲程等：《北京多区实施个性垃圾分类措施》，《新京报》2020 年 4 月 30 日。
② 参见吴为：《北京垃圾分类知晓率达 98%　多社区创新解决垃圾分类难题》，《新京报》2021 年 7 月 28 日。

了 10 个中大型生活垃圾压缩转运站和一个中转集控调度中心，总转运规模为 4000 吨／日，是国内首家实现城乡一体集约化、智能化和信息化管理的生活垃圾压缩中转项目。①

为了有效解决农村生活垃圾收运这一难题，黑龙江省兰西县长岗乡增加垃圾箱、垃圾收集车、转运车等垃圾转运设备数量，实施"村收集、乡转运、县处理"的农村垃圾处理新模式，依据乡村人口分布、垃圾产生量及运输距离等因素，针对乡所在地和村屯生活垃圾收运的不同特点采取不同的收运方式，形成一整套高效率的农村垃圾收集转运体系。截至 2021 年 6 月，全乡 5 个村 48 个自然屯生活垃圾转运体系高效运转，环境整治工作成效显著。长岗乡创新农村垃圾收集清运处理模式，走出了一条化解垃圾处理难题、改善农村人居环境的新路子。②

将互联网技术与传统收运模式有效结合。为提高垃圾收运工作的效率，北京桑德新环卫投资有限公司以"互联网＋环卫"的理念，积极拓展环卫事业向"一人一车智能化模式"发展。2015 年 9 月该公司发布的"桑德环卫云平台"，以传统环卫服务为依托，利用互联网及云计算等科技手段，构建以互联网环卫运营为核心的产业链，形成基层环卫运营、城市生活垃圾分类、再生资源回收、环境大数据服务及互联网增值服务为一体的互联网环卫产业群。运用这一平台，该公司有效实现了环卫业务处理计算机化、业务管理规范化、信息共享

---

① 参见柳时强：《广东将开展首批生活垃圾转运站等级评价》，《广东建设报》2015 年 9 月 30 日。
② 参见李奇峰、高伟：《兰西县长岗乡：垃圾"收转运"新模式让乡村更美丽》，《中国食品报》2021 年 6 月 25 日。

网络化及管理决策科学化，既降低了环卫部门的运营成本，又提高了环卫运营的服务能力，创新了垃圾收转运的新模式。①

（三）优化完备的生活垃圾处理体系

从处理方式来看，我国生活垃圾无害化处理主要有卫生填埋、焚烧和其他三种方式。各地通常结合本地实际情况，坚持资源化优先，选择安全可靠、先进环保、省地节能、经济适用的生活垃圾处理技术。

推进生活垃圾处理新技术的应用，健全大中城市无害化生活垃圾处理设施建设，注重推进建设城镇生活垃圾设施；结合农村实际和环保要求、采用成熟可靠的终端工艺处理农村生活垃圾，还可以兼用城镇处理设施。上海市绿化市容局公布的数据显示，2020年5月，上海市湿垃圾分出量为9796吨/日，干垃圾处置量为15351吨/日，可回收物回收量达到6266吨/日。上海市之所以能够大规模、高效率地处理生活垃圾，关键在于运用了精细化的管理手段。2019年10月，试运行的上海老港湿垃圾一期项目，在生产线上装备自动调度系统，通过综合分析末端发电量、沼气罐储存量等多个参数，直接向车库发出暂停运输或增补垃圾量的指令，对卸料车辆实现了精准调度，对生活垃圾实现了精准处置。浙江省金华市婺城区通过建设阳光堆肥房，积极探索农村生活垃圾处理的新办法。通过把垃圾入仓，经过太阳能照射和投放外加菌种，运用强化好氧堆肥发酵处理技术，垃圾变成有机肥料。这一垃圾处理新模式，达到了垃圾减量化、资源化、生态化和无害化处理的环保效果，深受广大村民的欢迎。垃圾焚烧是生活垃圾

---

① 参见张聪：《桑德利用物联网、云计算带动互联网环卫产业群》，《中国环境报》2015年9月15日。

无害化处理的有效方法之一。2018 年，河南省实施《河南省生活垃圾焚烧发电中长期专项规划（2018—2030 年）》。截至 2021 年 8 月底，河南省建成投用生活垃圾焚烧发电处理设施 36 座，日均焚烧处理生活垃圾 3.63 万吨，占无害化处理的比例达 54%，比 2017 年提升了 38 个百分点，是全国生活垃圾焚烧处置能力提升最快的省份。[①]

四、政府加大对生活垃圾处理的监管力度

政府对生活垃圾处理的监管是全方位的，涉及垃圾分类、收集、运输、处理的全过程。在构建系统完备、科学规范、运行有效的生活垃圾处理体系基础上，结合当地实际情况，通过政府和社会的监管、技术和市场的监管、运行过程和污染排放的监管等多种渠道推进工作有序进行。

第一，强化环保监督责任机制。落实各级政府环保监督领导责任和环保部门监管主体责任。例如，深圳市南山区城市管理和综合执法局高度重视垃圾分类执法工作，通过奖惩结合，提高辖区内单位和个人参与生活垃圾分类的积极性和准确性。从 2020 年起，南山区连续三年设置生活垃圾分类激励补助金，对于垃圾分类执行好的小区最高补助 30 万元。针对某小区垃圾投放点地面有垃圾和污物的情况，执法员开具《协助调查通知书》并处以 2000 元罚款。南山区奖惩并举的监管措施，进一步强化落实了监管主体责任，构建了生活垃圾处理

---

① 参见孔凡哲：《"剑指"固体废物污染！河南搬迁改造重污染工业企业 146 家　关闭退出 44 家》，《河南经济报》2021 年 9 月 27 日。

常态化、长效化的工作机制。[①]

　　第二，辅以现代网络监管措施。例如，近年来青岛市在现场检查的基础上，发挥科技创新能力，依托环卫数字化监管平台，将生活垃圾终端处理设施重点作业视频、运行数据、环保数据、计量数据等纳入在线监控，通过安装手机 App，与数字化监管平台连接，实现随时随地查看运行数据，开展实地检查、网上流转的无纸化办公模式，打造生活垃圾处理设施终端智慧监管，进一步提高生活垃圾处置设施监管的质量和效率。[②] 当前，无人机、大数据等现代科技信息技术的有效应用，确保了生活垃圾监管的各项工作高效落实到位。

---

　　① 参见严佳颖等：《"南山方案" 引领垃圾分类新时尚：生活垃圾回收利用率达47.6%》，《晶报》2021 年 9 月 22 日。
　　② 参见马岩、马志鹏、王昕昕：《山东青岛：多措并举提升生活垃圾处置监管水平》，《人民日报海外版》2020 年 9 月 8 日。

工业固废处理领域

"双碳"背景下，新的发展模式对工业固废的处理提出了新要求。开展工业固废处理，既要提升其利用处置能力，还要增强对它的监管，这对于节约和代替原生资源、有效减少碳排放具有显著的协同效应，是实现"双碳"目标的重要途径之一。

一、构建完备的工业固废处理法律法规政策体系

当前，我国基本上形成了以《中华人民共和国环境保护法》为基础，以《中华人民共和国固体废物污染环境防治法》《中华人民共和国清洁生产促进法》《中华人民共和国循环经济促进法》为主体，以《中国制造 2025》《循环发展引领行动》《关于"十四五"大宗固体废弃物综合利用的指导意见》等为具体内容的工业固废处理法律法规政策体系。

国家高度重视工业固废处理，按照法律法规政策要求，大力推进工业固废的综合利用。2015 年，国务院发布《中国制造 2025》，提出提高资源利用效率，构建绿色制造体系，走生态文明的发展道路。2016 年，工信部出台的《建材工业发展规划（2016—2020 年）》指出，推进固体废弃物智能化分选装备的应用；鼓励合理利用劣质石料和工

业固废，推进生产环节固废"近零排放"；开展赤泥、铬渣等大宗工业有害固废的无害化处置和综合利用，开展尾矿、粉煤灰、煤矸石等大宗工业固废的综合利用。2016年11月，国务院发布《"十三五"生态环境保护规划》，提出深化工业固体废物综合利用基地建设试点，建设产业固体废物综合利用和资源再生利用示范工程；尝试建立逆向回收渠道，推广"互联网+回收"、智能回收等新型回收方式，实行生产者责任延伸制度。2017年，科技部等五部门联合印发《"十三五"环境领域科技创新专项规划》，提出开展固体废弃物源头减量、过程控制、共生利用、管理决策全链条系统研究，厘清固废来源、特性及分类，构建适应我国固废特征的源头减量与循环利用技术体系及管理决策支撑体系，加快建立垃圾分类处理系统，形成可复制、可推广、可考核的整体化解决方案。国家发展改革委等14个部门联合印发《循环发展引领行动》，提出要推动产业废弃物循环利用。2019年，国务院办公厅印发《"无废城市"建设试点工作方案》，提出建设"无废城市"，这是将固体废物环境影响降至最低的城市发展模式。2021年3月，国家发展改革委等十部门联合印发《关于"十四五"大宗固体废弃物综合利用的指导意见》，提出到2025年，煤矸石、粉煤灰、尾矿（共伴生矿）等大宗固废的综合利用能力显著提升，利用规模不断扩大，新增大宗固废综合利用率达到60%，存量大宗固废有序减少。

各省区市也在积极完善工业固废领域的法规政策。比如，2011年河南省人大颁布了《河南省固体废物污染环境防治条例》，2020年河南省委、省政府颁布了《关于加快构建现代环境治理体系的实施意见》，将固体废物污染环境防治目标完成情况作为省污染防治攻坚战成效考核的重点项目；2018年四川省人大修订通过《固体废物污染环境防治条例》，强调推动工业固体废物综合利用处置，建立全过程管理制度；2021 年 4 月宁夏回族自治区发布了《工业固体废物污染环境防治"十四五"规划（征求意见稿）》，提出推进一般工业固体废物全过程防治等建设项目；等等。

《关于"十四五"大宗固体废弃物综合利用的指导意见》提出的
"十四五"时期大宗固体废弃物综合利用的基本原则、
主要目标及创新发展措施

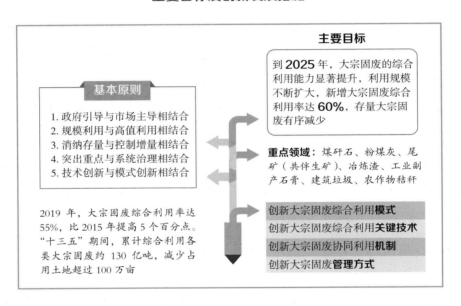

二、健全绿色低碳循环发展的生产体系

为了全面贯彻环境保护要求，有效防控工业固废环境与安全风险，需要大力推进工业产业绿色升级，重点推进固废源头减量和资源循环利用，提升工业固废的利用处置能力，实现资源高效利用，为构建"资源节约型、环境友好型"社会打下良好基础。

健全绿色低碳循环发展的生产体系

研发绿色"固废"产品

推行产品绿色设计

全面推行清洁生产

建设资源综合利用基地

创新工业固废综合利用的关键技术

第一，研发绿色"固废"产品。各地鼓励企业引进新技术新装备，利用固废研发生产新产品，并且大力推广使用。2021 年 8 月，山西省发布的《山西省节能与资源综合利用 2021 年行动计划》提出，充分利用北大研发中心等技术创新平台，将外墙保温材料、陶瓷纤维、氮氧化物复合耐火材料、透水砖、仿大理石板等近年来研发的技术成果尽快实现就地转化，扩展固废综合利用产品市场空间。煤矸石、粉煤灰制新型建材是山西省消纳工业固废的主要途径，要在建筑工程前期设计和建筑施工中，大力推广使用利用工业固废制造的新型建材产品。

第二，推行产品绿色设计。围绕提升能源资源利用效率和清洁生产水平，以促进全产业链和产品全生命周期绿色发展为目标，构建高效、清洁、低碳、循环的绿色制造体系，促进工业固废减量和循环利用。对标国家或同行业先进标准，对高耗能行业重点用能企业实施节能改造；在高排放行业实施超低排放技术改造，推动工业固废贮存处置总量趋零增长。青岛某知名电器生产企业推行清洁生产模式，致力于转方式、调结构的生产线技术改造，推行节能环保家电产品的设计和研发，在产品结构设计、零部件选择、系统配置上，不断进行绿色环保化革新，使用了 VIP 航空真空保温材料、全优化制冷系统等多个方面的节能降耗的技术。在产品零部件材质选择上，该企业积极寻找可替代的对环境危害小的材料，从源头上做到生态环保。冰柜外壳 90% 以上的产品采用一次成型的免喷涂板材，绿色环保，可回收。产品整体的可再生利用率达到 90% 以上，168 个规格型号的节能环保产品满足了市场需求。

第三，全面推行清洁生产。在"双超双有高耗能"行业实施强制性清洁生产审核，继续深化"散乱污"工业企业排查整治，对工业生产环节的固废加强管理，完善工业固废处置全过程的动态环境监管，推进地区环境质量持续改善。2020 年以来，四川省先后开展了"清废行动"，即对长江、黄河流域 399 个疑似固体废物的环境污染问题进行全面核查，168 个进行了整改；开展"固废堆场整治"，即摸排全省磷石膏、电解锰渣等工业固废堆场专项行动；还统筹 2.5 亿元资金用于配置尾矿等环境应急监测物资装备和重点地区环境应急能力建设。截至 2021 年 9 月，四川省已建成 141 个长江经济带水质自动监测站和 39 个省控水质自动站，实现主要干支流、市界、县界基本覆盖。[1]

第四，建设资源综合利用基地。深化国家循环经济示范城市建设，选择基础好、潜力大、产业集聚和示范效应明显的地区，建设布局合理、特色突出的综合利用基地，提升工业固废综合利用的效能。2016—2020 年，四川省充分发挥龙头企业、骨干企业的引领带动作

---

[1] 参见赵荣昌：《聚焦尾矿及固废综合治理与资源化利用　从技术和政策两方面突破》，《四川日报》2021 年 9 月 8 日。

用，分重点、分品种推动工业固废的综合利用；投入 1.22 亿元建设 59 个资源综合利用项目，推动钢铁、钒钛、电石渣等综合利用。截至 2021 年 9 月，四川省已建成省级工业资源综合利用基地产业园区 6 个、企业 26 家，攀枝花、德阳和凉山三地成功创建了国家工业资源综合利用基地。[①]

工业资源综合利用示范基地名单（第一批）

序号	省份	基地名称	序号	省份	基地名称
1	河北省	承德市	2	山西省	朔州市
3	内蒙古自治区	鄂尔多斯市	4	辽宁省	本溪市
5	江西省	丰城市	6	山东省	招远市
7	河南省	平顶山市	8	广西壮族自治区	河池市
9	四川省	攀枝花市	10	贵州省	贵阳市
11	云南省	个旧市	12	甘肃省	金昌市

工业资源综合利用基地名单（第二批）

序号	省份	基地名称	序号	省份	基地名称
1	河北省	曹妃甸区	2	山西省	长治市、晋城市
3	内蒙古自治区	托克托、乌拉特前旗	4	辽宁省	鞍山市、营口市
5	黑龙江省	七台河市、大庆市、鸡西市	6	浙江省	湖州市
7	安徽省	铜陵市、合肥市	8	福建省	漳州金峰经济开发区
9	江西省	新余市高新区、萍乡市、赣州市	10	山东省	济南市钢城区、淄博市

---

① 参见赵荣昌：《聚焦尾矿及固废综合治理与资源化利用　从技术和政策两方面突破》，《四川日报》2021 年 9 月 8 日。

续表

序号	省份	基地名称	序号	省份	基地名称
11	河南省	洛阳市、郑州市、安阳市、焦作市	12	湖北省	宜昌市、襄阳市
13	湖南省	湘乡市、郴州市、耒阳市	14	广西壮族自治区	梧州市、百色市、玉林市
15	四川省	德阳市、凉山彝族自治州	16	贵州省	福泉市、瓮安县
17	云南省	安宁市、兰坪县、东川区	18	陕西省	渭南市、韩城市
19	甘肃省	酒泉市、白银市	20	青海省	西宁经济技术开发区
21	宁夏回族自治区	宁东、石嘴山市	22	新疆维吾尔自治区	昌吉回族自治州、伊犁哈萨克自治州伊宁县
23	新疆生产建设兵团	石河子市			

　　第五，创新工业固废综合利用的关键技术。依托国家级创新平台，支持工业固废综合利用产学研用的有机融合，加大关键技术研发的投入力度，重点突破源头减量减害与高质综合利用关键核心技术和装备，推动工业固废利用过程风险控制的关键技术研发。一方面，推动工业废弃物规模化利用。对于利用技术较成熟、应用范围较广、利用量较大的粉煤灰、煤矸石、高炉矿渣（水渣）、脱硫石膏等大宗固废，要积极推动与建材等利废产业的融合发展，在产业布局优化、制度配套、激励措施等方面鼓励固废作为原料替代原生资源，推动高效规模化利用。例如，深入推动粉煤灰用于建材生产、建筑和道路工程建设、农业应用等；有序引导煤矸石发电及生产建材、复垦绿化等利用。另一方面，推动工业废弃物高值化利用。因地制宜开展煤矸石多元素、多组分梯级利用，积极开展提取有用矿物元素，重点推广煤矸石生产农业肥料等高附加值产品。大力发展粉煤灰基于有价元素提取的高值化应用，开发多元化综合利用产品体系。推动非金属产业废渣

高质化利用，分区域分种类提升工业副产石膏综合利用质量。①

三、拓展多元化工业固废处理渠道

实现资源的科学合理利用，需要充分运用信息技术发展带来的技术革新，着力拓展工业固废领域的处理渠道，为持续改善生态环境质量，切实维护人民群众身体健康和生态环境的安全提供保障。

第一，建立专业高效的工业固废分类收运体系。落实《一般固体废物分类与代码》(GB/T 39198-2020)的具体规定，实现工业固废精细化分类和规范化处置；落实《一般工业固体废物贮存和填埋污染控制标准》(GB 18599-2020)的相关要求，实施工业固废分类贮存。2021年5月，武汉市首家一般工业固废处置中心——钢渣处理中心在武钢金资公司挂牌成立。该中心装备了全封闭加工线四条，具备年加工240万吨的钢渣原料生产和每年35万吨的钢渣二次深度加工能力，每年能为1500余万吨产能规模的钢铁主业提供清洁生产服务，可以综合利用800余万吨固废资源，还可以依托现有冶金炉窑，协同处置一般工业固废，具有规模大、成本低、适用性强、安全可控、达标排放等优点。②

第二，利用信息技术推广企业生产新模式。建立政府固体废物环境管理平台与市场化固体废物公共交易平台信息交换机制，充分运用物联网、全球定位系统等信息技术，实现固体废物收集、转移、处置

---

① 参见马淑杰、张英健：《双碳背景下"十四五"时期大宗固废综合利用发展建议》，《中咨智库》2021年7月22日。

② 参见陈永权：《"花园式工厂"建武汉首家工业固废处置中心》，《长江日报》2021年8月10日。

环节信息化、可视化，大幅提高了企业消化固废的效率和水平。2021年，华为技术有限公司与神彩科技股份有限公司联合推出了"固废智能体解决方案"。该方案涵盖了固废产业链的全企业类型，如产废企业、运输企业、处置企业，利用大数据＋互联网技术，实现固废从产生、收集、贮存、运输、利用、处置全过程的数字化管理，在帮助企业提升工作效率、降低人员成本的同时，提升了企业规范化管理能力，满足了企业自身的监管要求。为有效应对固废管理过程动态变化这一特点，这一方案能够通过视频 AI 监控，实现全过程的可视化跟踪管理，对企业的申报数据、转移数据、视频抓拍、接收入库、处置台账、工况监控等数据进行联机综合分析，对工业固废的管理更加规范。①

四、加大政策保障力度与监管强度

落实"双碳"目标，实现工业产业绿色高质量发展，需要政府部门立足新发展阶段进行全局谋划，切实转变发展方式，系统发力，提高工业固废的综合利用效率。

第一，为推进工业固废有效治理提供政策保障。以落实"双碳"目标为牵引，政府出台多项举措，推动和保障工业固废处理企业的顺利发展。《山西省节能与资源综合利用2021年行动计划》指出，2021年把开展碳达峰作为深化能源革命综合改革试点的牵引举措，加快工业制造业领域碳达峰专项课题研究，科学合理地提出碳排放达峰控制

---

① 参见《固废管理再添新模式，华为与神彩科技联合发布固废智能体解决方案》，大京网2021年6月9日。

目标、技术路径、重点任务和政策措施；制定钢铁、化工、焦化、水泥、有色五个行业碳达峰专项行动方案，推进工业制造业领域碳达峰工作，为 2060 年前实现碳中和打下坚实基础。山西省河津市 2021 年谋划建设五个固废综合利用项目，包括河津龙辉建材有限公司的储灰库及超细粉加工项目、山西曙光建材有限公司年产 7000 万块煤矸石烧结砖项目、山西耿翔科技有限公司高炉除尘灰综合利用项目。这些项目的共同特点就是通过资源的综合循环利用，将原来需要投入大笔资金处理的工业固废变成能带来经济收益的产品[①]，既实现了企业财富的增长，又为生态环保作出了贡献。河北省 2021 年 9 月公布了 2021 年省绿色制造升级资金拟支持项目名单，其中包括多家工业固废处理领域的企业。青海省西宁市自 2019 年 5 月起，结合城市的发展规划和产业布局，优化产业结构，大力发展工业固废处理企业，构建了极具特色的"一般工业固废综合利用链条"等 10 条固废利用处置链，大大提升了西宁市工业固废综合利用的质量和效率，为其他城市的发展提供了参考。[②]

第二，政府加强对工业固废处理领域的监管。政府为有效防控工业固废环境与安全风险，深入推进固废环境治理数字化改革，依托一体化智能化公共数据平台，归集、整合生态环境各业务部门系统，实现"城市大脑"在环境治理领域全面应用，进一步健全了工业固废环境的监管体系。河南省三门峡市将全市 280 家工业危险废物产生单位、340 家机修汽修行业废机油产生单位、101 家铅酸电池企业全部

---

① 参见武咏梅:《山西省河津市投资 4.5 亿元建设 5 个固废综合利用项目》,《运城日报》2021 年 9 月 2 日。

② 参见倪晓颖:《"无废城市"让西宁风光无限》,《青海日报》2021 年 9 月 13 日。

登记入册并纳入监管。① 为方便监管，政府对于纳入环境统计、环境影响评价、排污许可、监督性监测和日常执法检查等监管的固废产生单位的信息通过定期梳理的方式，不断完善固废产生单位清单；将工业固废危险物纳入全国固废信息管理系统，对其产生、转移、利用、处置全过程进行强化监管，实现了全国"一张网"。

第三，严肃处理工业固废处理领域的违法行为。将工业固废处理纳入环境执法计划，突出监管重点，加强对工业固废源头治理和综合利用，实现工业固体废物源头减量。2020 年，河南省搬迁改造重污染工业企业 146 家，关闭退出 44 家，深度治理铸造行业项目 1365 个。工业固废产生量大的郑州、洛阳、平顶山、安阳、焦作五个试点城市已综合利用固废约 7165 万吨。② 严厉打击固废污染环境行为，做到有案必查、违法必惩。2021 年 1 月，内蒙古自治区鄂尔多斯市生态环境局达拉特旗分局对擅自违规倾倒粉煤灰的单位进行批评教育，并依照《中华人民共和国固体废物污染环境防治法》进行了罚款人民币10 万元的行政处罚。③ 只有坚持查处违法行为，严肃整治固废处理企业的不良行为，积极倡导社会各界参与对企业的环保监督，全面提升社会效果，才能营造全社会积极行动、共同打击违规倾倒工业固废的良好氛围。

---

① 参见三分：《河南三门峡：立足"无废城市"打造生态样板》，《河南日报》2021年 6 月 24 日。

② 参见孔凡哲：《"剑指"固体废物污染！河南搬迁改造重污染工业企业 146 家　关闭退出 44 家》，《河南经济报》2021 年 9 月 27 日。

③ 参见杨爱群：《进一步加强工业固体废物管理工作》，《内蒙古日报》2021 年 8 月11 日。

家电回收处理领域

家电产品既是事关民生的刚需，也是社会持续性的需求。实现"双碳"目标对家电回收处理提出了更高的要求。运行顺畅、规范有序、协同高效的家电回收处理体系不但能够降低百姓的消费成本，减少社会资源消耗，而且能够维持行业的可持续发展，实现经济发展方式转变。

一、政府鼓励监管齐头并进，推动家电回收行业有序发展

我国既是全球最大的家电生产、消费国，也是废旧家电的最大产生国。为了完善废旧家电回收处理体系，政府多措并举，推进节能减排，提升资源综合利用，促进经济的循环发展。

第一，健全的家电回收处理体系离不开法律法规政策的支持。当前，我国基本上已经形成了以《中华人民共和国环境保护法》为基础，《中华人民共和国清洁生产促进法》《中华人民共和国固体废物污染环境防治法》为主体，以《废弃电器电子产品回收处理管理条例》《关于完善废旧家电回收处理体系推动家电更新消费的实施方案》《关于鼓励家电生产企业开展回收目标责任制行动的通知》等为辅助的家电回收处理的法律法规政策体系。

　　2010 年，原环境保护部发布了《废弃电器电子产品处理资格许可管理办法》，对废旧家电处理企业的资格进行了规范；配套出台了包括《废弃电器电子产品处理发展规划编制指南》在内的多项工作指南，为回收处理工作提供指导。2011 年起实施的《废弃电器电子产品回收处理管理条例》，是我国处理废旧家电回收唯一的专项法规，其中明确规定了废弃电器电子产品处理目录、废弃电器电子产品处理基金等多项内容，明确了生产者和处理者在回收处理工作中的权责问题。2012 年，财政部联合五部门出台了《废弃电器电子产品处理基金征收使用管理办法》，对废弃电器电子产品处理基金的征收和使用进行规范，明确废弃电器电子产品的生产者缴纳基金，有资质的废弃电器电子产品处理企业获得补贴的方式。受益于基金补贴制度，2012—2016 年，家电行业进入基金补贴名单的企业已有 109 家，年处理能力超过 1.5 亿台。党的十八大以来，国务院及相关部委相继更新、颁布了《废弃电器电子产品处理目录》《再生资源回收体系建设中长期规划》《生产者责任延伸制度推行方案》《关于推进再生资源回收行业转型升级的意见》等政策，初步形成了我国家电回收处理的法律法规政策体系框架。2020 年 5 月，国家发展改革委等七部门联合下发了《关于完善废旧家电回收处理体系推动家电更新消费的实施方案》，重点围绕完善废旧家电回收处理体系、促进家电消费等工作进行部署。2021 年 8 月，国家发展改革委等三部委联合印发了《关于鼓励家电生产企业开展回收目标责任制行动的通知》，提出了鼓励家电生产企业开展回收的具体政策，构建了废旧家电逆向回收体系。

　　当前，各地也在大力完善废旧家电回收处理体系的具体举措。例如，湖北省 2020 年 10 月出台了《完善废旧家电回收处理体系推动家电更新消费三年行动计划（2020—2022 年）》，对完善家电回收处理体系提出具体措施，并要求到 2022 年，湖北省基本建成规范有序、运行顺畅、协同高效的废旧家电回收处理体系①；山东省出台了《山东省完善废旧家电回收处理体系推动家电更新消费试点实施方案》，提出了强化生产者责任制延伸、健全废旧家电回收网络、提升废旧家电处理能力等五项举措。

回收、处理、再利用是家电产品全生命周期的重要组成部分。要通过优化行业政策环境、创新工作机制、强化要素保障，积极探索回收处理废旧家电的规范路径、有效做法，促进资源的循环利用，实现节能减排降碳。

山东省在全国率先开展了完善废旧家电回收处理体系的试点工作，积极探索回收处理的新路径。一是支持环保企业开展上门回收业务的同时，大力推进"互联网＋回收"应用平台的建设。二是推进废旧家电拆解项目建设。2020 年全省新建废旧家电回收中转站、分拣中心四家，有资质的拆解企业共规范拆解处理"四机一脑"385.6 万台。三是推动组建废旧家电回收处理企业联盟。依托省家电协会和省再生资源协会，组织海尔、海信、国美等 105 家企业成立了企业联盟，整合全省优势资源，协调各方合作对接，形成推动家电回收工作的合力。②

第二，积极开展废旧家电回收试点城市建设。北京市是废弃电器

---

① 参见胡融：《湖北省再生资源集团发力废旧家电回收处理体系建设》，《农村新报》2020 年 10 月 20 日。

② 参见国家发展改革委产业司：《山东率先开展完善废旧家电回收处理体系　促进家电更新消费试点工作》，国家发展改革委网站 2021 年 1 月 29 日。

废弃电器电子产品回收处理产业链的主要环节

新型回收利用体系建设的试点城市。为着力打造新型家电回收利用体系，北京市通过采取环卫企业依托生活垃圾分类收集网络回收，电器产品生产、销售企业回收，再生资源回收利用企业拓展业务范围回收，互联网企业"互联网＋回收"等多种方式，让居民、单位投递更为便捷，逐步提高全市废弃电器的回收率、处理率和资源化率；采取多种措施进一步完善废弃电器电子产品回收环节，打通北京市废弃电器电子产品生产者责任延伸中的生产、回收、拆解工作链条。对于试点企业实施的以节能降耗减污增效为目的、对社区和环境友好的工程技术措施，政府还提供适当的资金保障。

试点城市担负起"先行先试"的责任，探索废旧家电"变废为宝、循环发展"的新路径新方法。由此形成的有创新、有价值的经验做法可及时在其他城市进行推广。

第三，不断规范废旧家电回收处理领域的行业监管。对废旧家电回收处理领域的监管，是关系人民群众的切身利益，又关乎经济社会发展的一项重要工作，责任重大。开展监管工作，需要在严格执行行业法规和标准的基础上，通过定期巡检和抽查，对违法行为加大查处力度。2017 年以来，为发挥整体监管合力，原环境保护部联合多部门在全国范围内开展了包括废家电拆解等再生利用行业清理整顿行动，督促地方清理整顿废家电拆解再生利用领域存在的问题；打击违法行为、提升再生利用行业管理水平；规范企业的绿色发展。在中央有关部门提升废旧家电回收处理领域监管力度的同时，地方各相关部门在监管上也毫不倦怠。例如，河南省加强对废旧家电的信息管理，鼓励回收企业开展废旧家电回收信息登记，推动收集、存放、转运、销售、租赁等环节的信息化管理，实现可查询可追踪。海南省规定，政府各部门对企业进行抽查、监督的同时，鼓励社会各界对废旧家电销售、回收、拆解企业的各种违规违法行为进行举报。对于将回收的废旧家电流入二手市场销售、以次充好、虚假标价、骗取财政补贴等违法行为，一旦接到举报并核实，政府将对其进行处罚，并通过媒体进行曝光。[①]

二、家电回收行业主动作为，构建完备的回收处理体系

据测算，目前我国家电保有量已超过 21 亿台，每年淘汰废旧家电量达 1 亿—1.9 亿台，并以平均每年 20% 的幅度增长。其中，废旧家电通过正规渠道回收，实现环保拆解和再回收的比例仅占 44% 左

---

① 参见李拉、陈祖洪：《废旧家电处置存风险？正规拆解企业为何"吃不饱"》，《中国环境报》2015 年 5 月 22 日。

右。这一现状对家电回收行业来说，既是挑战，更是机遇。① 因此，构建成熟完备的家电回收体系，将在我国大有作为。

2017—2021年我国"四机一脑"理论报废拆解量

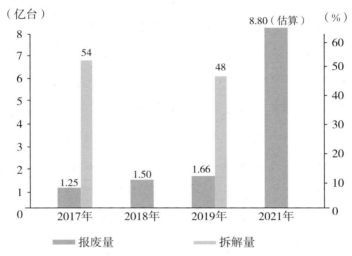

数据来源：《中国废弃电器电子产品回收处理及综合利用行业白皮书》

构建网络时代的家电回收渠道。随着信息技术的发展，家电回收企业和生产企业在优化家电传统回收渠道的同时，正以互联网技术为纽带，通过线上线下的融合发展，拓展家电回收的新路径。

第一，探索传统家电回收新模式。以社区为载体，物业组织、市场主体主动开展家电安全使用年限提醒、上门维修、旧家电回收预约等服务。在上海市，"互联网 +"资源回收服务平台嗨回收通过与物业公司合作，对社区内的废旧家电进行统一回收和管理，增加与居民的接触频次，并收编原有的个体商贩，以实现家电回收的快速响应。这

① 参见王峻岭：《废旧家电逆向回收新政加快行业绿色发展》，《人民日报海外版》2021 年 8 月 23 日。

种全新的回收模式有效解决了传统家电回收中居民"交旧"不便的瓶颈，受到了居民的欢迎。

第二，依托家电企业的"逆向物流回收＋线上平台"渠道。以家电生产龙头企业为主导，整合企业服务、销售、物流、供应链等环节，建立多路径废旧家电回收模式。大型家电企业充分发挥网络平台作用，利用配送、装机、维修等渠道，推进形成废旧家电逆向物流回收机制。为完善这一机制，青岛海尔一方面通过自身网络触点，整合 3.2 万家线下门店、10 万个服务兵、100 个物流配送中心，搭建全国性虚实融合的回收网络，有效覆盖全国 2800 多个县市；另一方面，加快推动全国家电行业数字化回收平台建设。依托大数据，海尔卡奥斯工业互联网平台以二维码为媒介，搭建起一套可追溯的信息回收体系，实现线上线下一体估价。[①] 海尔基于发达的物流运输体系，计划建成"城市覆盖到全部小区、农村覆盖到所有乡镇"的家电回收网络。

第三，构建电商"线上平台＋线下回收"渠道。发挥电商强大的网络平台作用，结合城市功能与专业服务，构建线上线下相融合的废旧家电回收体系。京东集团利用其互联网技术开发优势，结合自身物流与服务特点，贯通了旧家电处置与新家电销售的链路，探索出一条新型家电回收模式。自 2016 年上线家电回收服务以来，2019 年京东回收电器产品高达 300 多万件，年度增长率高达 600% 以上。[②] 北京云易达技术服务有限责任公司所属的全国范围内全品类回收寄卖平

---

① 参见《海尔开建中国家电循环产业首座互联工厂》，《工人日报》2021 年 5 月 24 日。

② 参见《旧家电回收迎热潮！拆一台电视机亏 26 元　企业如何突围？》，央视财经网 2020 年 12 月 1 日。

台"有闲有品"，充分利用"互联网+"的优势，在拓展新品家电销售渠道的同时增加二手家电业务，既有效解决了消费者对家电服务的需求，又满足了拆解企业货源数量及低成本的需求，也为偏远及欠发达地区提供了匹配的二手货源。线上家电回收渠道，重塑了绿色产业链，既解决了用环保的方式处置废旧家电这一难题，又实现了家电的多元多维度流通，是实现"节能减排"的有效途径。

第四，建立"多元回收渠道+线下拆解"模式。通过全品类回收、预约回收等方式回收到废旧家电后，回收企业将旧家电交由具备环保拆解资质的正规企业进行处置。这种模式下，旧家电经过环保分解，避免了非正常的销毁，避免了污染环境的可能；同时，实现了旧家电使用价值的最大化。中再生、格力、TCL 等一批有规模、有技术设备、管理规范的正规回收和处理企业的发展壮大正推动我国家电回收、处理和利用的一体化产业的建设。2020 年，湖北省再生资源集团全力推进"湖北供销华中再生资源回收网络及废旧家电拆解综合服务平台"项目，这一项目旨在打造"线上平台+物联网+实体网点+基地"的家电回收服务体系，建成后不仅可以实现废旧家电全领域线上回收，还可开展价格在线评估、工作人员上门服务等业务。湖北省再生资源集团还布局建设了汉川、谷城、恩施三个再生资源园区，基本形成"网络+网点+拆解利用"的产业链和"线上平台+线下网点"立体融合发展的局面。①

通过技术改造提升回收企业业务能力。废旧家电处理企业通过加大技术改造力度，推进技术升级和设备更新，提升企业机械化、自动

---

① 参见胡融：《湖北省再生资源集团发力废旧家电回收处理体系建设》，《农村新报》2020 年 10 月 21 日。

化和智能化水平，提高处理产物的附加值。重庆中天电子废弃物处理有限公司在电子废弃物综合处理、处置过程中，通过生产过程控制、ERP 系统管理、7S 管理长效机制的全面应用，构建起全过程精细化管控模式。该公司将旧家电拆解完成后，再经过分类存储，把可回收利用的销售给相关企业，把危废物交给有处置资质的企业。2019 年，该公司合计回收处理废弃电器约 350 万台。[1]北京华新绿源环保股份有限公司是一家专业的家电拆解企业，工人们严格按照拆解流程操作，实现资源再生。从废家电中拆解下来的危险废物经过环保收集后进行合规处置利用，可重复利用的资源运往下游工厂完成生命的"重生"。一台台废旧家电经过解体、破碎、除尘工作后，留下的是铁、铜、铝、塑料等可供再生的资源物。[2]

截至 2020 年 5 月，我国废旧电器已累计产生 3495 万吨拆解产物，减排固体废物 4.7 亿吨，减排二氧化碳 1.65 亿吨，有效减少了我国的环境污染，促进了资源的再生利用。[3]

家电生产企业开展回收目标责任制行动，不但为该行业的可持续发展提供了良好的催化剂，还为其他领域提供了良好的范例。未来相关的制度和做法可以逐步推广，使之发挥更大的作用。从这个角度看，家电生产企业、流通和回收利用企业、社会组织和各地有关部门，肩负着十分重要的责任，应认真对待，加大力度，协同做好这项工作。

---

[1] 参见李国：《电子废弃物：一座尚待开采的"金矿"》，《工人日报》2020 年 7 月 28 日。
[2] 参见蔡代征：《废旧家电解体重生》，《北京晚报》2021 年 7 月 16 日。
[3] 参见郭丁源：《进一步完善废旧家电回收处理体系　推动家电更新消费》，《中国经济导报》2021 年 5 月 27 日。

后 记

中国基于推动构建人类命运共同体的责任担当和实现可持续发展的内在要求，作出了承诺实现碳达峰、碳中和的重大战略决策。实现"双碳"目标，根本上要依靠经济社会发展全面绿色转型，推动经济走上绿色低碳循环发展的道路。这是解决我国资源环境生态问题的基础之策，也是实现"双碳"目标的首要途径。为建立绿色低碳循环发展体系和绿色低碳全链条，本书从健全绿色低碳循环发展的生产体系、流通体系、消费体系，加快基础设施绿色升级，构建市场导向的绿色技术创新体系，完善法律法规政策体系，环保减污降碳协同发展等方面勾画出实现"双碳"目标的国家战略行动路线图，供读者学习参考。

本书由吴冰任主编，李萍、孔建广、赵亮、吕雁华任副主编。各部分的撰稿人为：第一章，尚选彩；第二章，冯瑾；第三章，李萍；第四章，黄玉莹；第五章，李德芳；第六章，洪玉婷；第七章，孔建广；第八章，代翠翠；第九章，赵亮；第十章，吕雁华。吴冰负责提纲拟定及统稿工作。

本书在撰写过程中，参阅并吸纳了众多专家学者的研究成果，得到了国防大学学科学术带头人洪保秀教授的精心指导，在此一并表示感谢。由于时间仓促、水平有限，书中难免有疏漏不足之处，恳请读者朋友批评指正。

本书编写组

2022 年 1 月